Der gerichtliche Zweikampf im altfranzösischen Prozeß.

Inauguraldissertation

zur

Erlangung der Doktorwürde,

genehmigt von der

Juristischen Fakultät der Königl. Friedrich-Wilhelms-Universität zu Berlin

und zugleich mit den angehängten Thesen öffentlich zu verteidigen

am 24. Juni 1907, vormittags 12 Uhr

von

Alexander Coulin

aus Hessen-Nassau.

Opponenten:

Herr Referendar Dr. jur. **Friedrich Sabersky**
Herr Referendar **Walther Grosse**
Herr Rechtskandidat **Ma-Dou-Yün.**

Druck von Georg Reimer Berlin W. 35.

Vorliegende Schrift bildet einen Teil einer größeren Schrift, die mit Genehmigung einer hohen Juristischen Fakultät zu Berlin im Jahre 1906 unter dem Titel „Der gerichtliche Zweikampf im altfranzösischen Prozeß und sein Übergang zum modernen Privatzweikampf. Erster Teil: der gerichtliche Zweikampf im altfranzösischen Prozeß" im Verlage von J. Guttentag, Verlagsbuchhandlung G. m. b. H. in Berlin, erschienen ist.

Meiner Mutter.

Inhalt.

Seite

Verzeichnis der Abkürzungen VII

Vorbemerkung XIV

Einleitung:

Der Begriff des gerichtlichen Zweikampfs 1

Erstes Kapitel. Das materielle Kampfrecht.

§ 1. Der gerichtliche Zweikampf in Zivilsachen 3

§ 2. Der gerichtliche Zweikampf in Strafsachen 13

Zweites Kapitel. Die persönlichen Voraussetzungen des Kampfrechtsverhältnisses.

A. Die Rechtsfähigkeit (Prozeßfähigkeit).

§ 3. 1. Die Freiheit 21

§ 4. 2. Die Volksgemeinschaft 22

§ 5. 3. Die Friedensgemeinschaft 24

§ 6. 4. Die Verwandtschaft 26

§ 7. 5. Der Stand 27

§ 8. 6. Die Ehre 33

§ 9. 7. Der Lehensverband 35

B. Die Handlungsfähigkeit (Parteifähigkeit).

§ 10. 1. Das Alter 36

§ 11. 2. Die Gesundheit und der Tod 38

§ 12. 3. Das Geschlecht 40

§ 13. 4. Die Gefangenschaft 43

§ 14. 5. Andere Fälle echter Not 43

Drittes Kapitel.

§ 15. Das Gericht 44

Viertes Kapitel. Das Verfahren bis zum Kampftermin.

§ 16. 1. Die Ladung 57
§ 17. 2. Die Klage 58
§ 18. 3. Das Kampfespfand 72
§ 19. 4. Der Schwur judicium sisti 75
§ 20. 5. Das Urteil 76
§ 21. 6. Die Bürgschaft und die Haft 80
§ 22. 7. Fechtlehrer 87
§ 23. 8. Kampfstellvertreter und Mietskämpfen 88
§ 24. 9. Die Fristen in Kampfsachen 93

Verzeichnis der Abkürzungen.

A. Am. = Amis et Amiles, et Jourdain de Blaivies, éd. C. Hofmann, Erlangen 1883.

Abrégé Champ. = Abrégé Champenois des Établissements in Viollet t. III.

Ancien Bourg. = Ancien Coutumier de Bourgogne, éd. Marnier in Revue historique de Droit. Tome 3, p. 525 ff., Paris 1857.

Antioche = Assisses d'Antioche reproduites en français. Venise 1876.

Arch. d. l. Gironde = Archives historiques de la Gironde. Tomes 2, 4, 7. Paris 1860/65.

Arch. du diocèse de Chartres = Archives du diocèse de Chartres. T. 1. Vannes 1895.

Arch. municip. de Bordeaux = Archives municipales de Bordeaux. T. 5. Livres des coutumes, éd. H. Barckhausen. Bordeaux 1890.

Arch. nat. = Ms. der Archives nationales de Paris.

Argentré = Histoire de la Bretagne par B. D'Argentré. Paris 1588.

Artois = Coutumier d'Artois, éd. Ad. Tardif. Paris 1883.

Aubr. = Le roman d'Auberi le Bourgoing, éd. Tarbé. Reims 1849.

Aye. = Aye d'Avignon, éd. F. Guessard et P. Meyer. Paris 1861.

Bardoux = Les légistes, leur influence sur la société française par A. Bardoux. Paris 1877.

BBA. = Compilatio de Usibus et Constitutionibus Andegavie
BBB. = Ce sunt les coustumes d'Anyou et dou Maigne
BBC. = Les coustumes glossées d'Anjou et du Maine
BBD^2. = Grand Jours Angiers (1391)
BBE. = Coustumes et stilles gardez et observez es Pays d'Anjou et du Maine.
} in Coutumes et Institutions de l'Anjou et du Maine par Beautemps-Beaupré. Première partie. Tome 1. Paris 1877.

BBF. = Cy sont les coustumes d'Anjou et du Maine intitulées selon les rubriches de Code dont les aucunes sont concordées de droit escript, in Coutumes et Institutions de l'Anjou et du Maine par Beautemps-Beaupré. Première partie. T. 2. Paris 1879.

Beaum. = Philippe de Beaumanoir, Coutumes de Beauvaisis, éd. Salmon. T. 1, 2. Paris 1899, 1900.

Beaumont = Loi de Beaumont, éd. D'Arbois de Jubainville in Bibl. de l'École des Chartes t. 2. Paris 1851.

Benoit = Histoire ecclésiastique et politique de la ville et du diocèse de Toul. Toul. 1707.

Bessin = Concilia Rotomagensis provinciae etc. éd. G. Bessin. T. 1, 2. Rotomagi 1717.

B. & L. = Coutumes locales de Berry, et celles de Lorris commentées par G. Thaumas de la Thaumassière. Bourges 1679.

Bigorre = Fors de Bigorre, éd. par Fougous et Bezin. Bigorre 1901.

Bordeaux = vgl. Arch. municip. de Bordeaux.

Bouillart = Histoire de l'Abbaye royale de S. Germain-des-Prez. Paris 1724.

Bourdot = Nouveau coutumier général, éd. Bourdot de Richebourg. Paris 1724.

Bourg de Bruges = Coutumes du Bourg de Bruges (1350) in Coutumes des Pays et comté de Flandre. T. 3. Par L. Gilliodts-van Severen. Bruxelles 1885.

Boutaric = Actes du Parlement de Paris, éd. E. Boutaric. Paris 1863, 1867.

Boutaric, Ph.-le-B. = La France sous Philippe-le-Bel par E. Boutaric. Paris 1861.

Bouteiller = Somme rural, ou le grand Coustumier composé par J. Bouteiller. Paris 1611.

Boutiot, Troyes = Histoire de la ville de Troyes et de la Champagne méridionale par T. Boutiot. T. 1. Troyes et Paris 1870.

Brantôme = Discours sur les duels par P. de Bourdeille, seigneur de Brantôme, éd. Lalanne. Paris 1873.

Brunner, Forschungen VI = Wort und Form im altfranzösischen Prozeß; in Forschungen zur Geschichte des deutschen und französischen Rechts von Heinrich Brunner. Stuttgart 1894.

Brunner, Forschungen VII = Die Zulässigkeit der Anwaltschaft im französischen, normannischen und englischen Rechte des Mittelalters; in Forschungen zur Geschichte des deutschen und französischen Rechts von Heinrich Brunner. Stuttgart 1894.

Brussel = Nouvel examen de l'usage général des fiefs en France pendant le XIe, XIIe, XIIIe et XIVe siècle par Brussel. T. 2. Paris 1727.

B. Seb. = Li roman de Baudouin de Sebourc, éd. Bocca. Valenciennes 1841.

Bulletin historique et philologique = B. h. et ph. du comité des travaux historiques et scientifiques. Année 1901. Paris 1901.

Calmet = Histoire ecclésiastique et civile de Lorraine par A. Calmet. Nancy 1728.

Cambrai (1230) = Kampfordnung für Cambrai bei Le Glay, Analectes historiques. 1838.

Canel = Le combat judiciaire en Normandie par A. Canel. Caen 1858.

Cart. de Beaulieu = Cartulaire de l'Abbaye de Beaulieu (en Limousin), éd. M. Deloche. Paris 1859.

Cart. de Flines = Cartulaire de l'Abbaye de Flines, éd. Hautcœur. Lille 1873.

Cart. de Grenoble = Cartulaire de l'église cathédrale de Grenoble, éd. J. Marion. Paris 1869.

Cart. de Marmoutier = Cartulaire de Marmoutier pour le Dunois, éd. Mabille. Châteaudun 1874.

Cart. de N. D. de Paris = Cartulaire de l'église Notre-Dame de Paris, éd. Guérard. Paris 1850. T. 1 bis 3.

Cart. de Nonnains de Troyes = Documents sur l'abbaye de Notre-Dame aux Nonnains de Troyes, éd. Lalore. Troyes 1874.

Cart. de Redon = Cartulaire de l'Abbaye de Redon en Bretagne, éd. de Courson. Paris 1863.

Cart. de Savigny = Cartulaire de l'Abbaye de Savigny, éd. Bernard. Paris 1853.

Cart. de S. Père de Chartres = Cartulaire de l'abbaye de Saint-Père de Chartres, éd. Guérard. T. 1. Paris 1840.

Cart. de S. Victor de Marseille = Cartulaire de l'abbaye de Saint-Victor de Marseille, éd. Guérard. T. 1, 2. Paris 1857.

Cart. de Talmond = Cartulaire de l'abbaye de Talmond, éd. de la Boutetière. Poitiers 1873.

Cart. inédits de la Saintonges II = Cartulaire de l'abbaye royale des Saintes. Niort. 1871.

Cart. S. Dionysii de Nogento = Cartularium Sancti Dionysii de Nogento-Rotrudi-Pertici. Vannes 1895.

Cattier = Évolution du droit pénal germanique en Hainaut jusqu'au XV. siècle par F. Cattier. Mons 1894.

Charr. = Le roman du chevalier à la charrette, éd. Tarbé. Reims 1849.

Charroux (1247) = Coutume de Charroux, 1247 bei Giraud. T. 2.

Châtelet = Le Livre des Constitucions demenées et chastelet de Paris, éd. P. Mortet in Mémoires de la société de l'Histoire de Paris et de l'Île-de-France. T. 10. Paris 1883.

Ch. cgn. = La chanson du chevalier au cygne, éd. Hippeau. Paris 1874.

Ch. cgn. R. = Le chevalier au cygne in Monuments p. s. à l. h. des provinces de Namur etc. T. 4. Paris 1846.

Ch. lyon = Li romans dou chevalier au lyon, éd. Holland. Hannover 1880.

Chron. an. par. = Chronique Parisienne anonyme de 1316 à 1339 in Mémoires d. l. soc. d. l'hist. de Paris et de l'Île-de-France. T. 11. Paris 1884.

Cléom. = Li romans de Cléomades, éd. v. Hasselt, Bruxelles 1865.

Compilatio Andegav. = BBA.

Cout. Bretagne = Très ancienne coutume de Bretagne bei Bourdot t. IV, p. 149 ff.

C. Poit. = Le roman du comte de Poitiers, éd. Michel. Paris 1831.

Crapelet = Cérémonies des Gages de Bataille selon les constitutions du bon roi Philippe de France, représentées en onze figures, éd. G. A. Crapelet. Paris 1830.

D'Argentré = Argentré.

De Croos = Histoire du Droit criminel et pénal dans le comté de Flandre par P. de Croos. Bruxelles 1878.

Doon = Doon de Maience, éd. Pey. Paris 1859.

Du Cange. = Glossarium mediae et infimae latinitatis etc.

Ducoudray = Les Origines du parlement de Paris et la Justice au XIIIe et XIVe siècles. Paris 1902.

Esmein Pr. C. = Histoire de la procédure criminelle en France par A. Esmein. Paris 1882.

Et. = Les Établissements de Saint Louis par P. Viollet. T. 1—4. Paris 1881, 86.

Etabl. norm. = Établissements et coutumes, assisses et arrêts de l'Échiquier de Normandie au XIIIe siècle éd. A. J. Marnier. Paris 1839.

Fontaines = Le conseil de Pierre de Fontaines ou Traité de l'ancienne jurisprudence française éd A. J. Marnier. Paris 1846.

For de Morlaas = F. d. M. in Fors de Béarn, éd. A. Mazure et Hatoulet. Pau et Paris 1845.

Fors de Béarn vgl. For de Morlaas.

Franc aleu = Du franc aleu et origines des droits seigneuriaux (anonyme: Aug. Galland). Paris 1537.

Franc de Bruges = Coutume du Franc de Bruges, éd. L. Gilliodts-van Severen. Bruxelles 1879.

Froissart = Les Chroniques de J. Froissart, éd. Buchon. T. 2. Paris 1840.

Gallus = Decisiones Parlamenti Parisiensis etc. Initio collectae per Johannem Galli. ac nuper per D. Carolum Molinaeum J. C. etc. Francofurti ad Moenum 1570.

Gar. Loh. = Li romans de Garin le Loherain, éd. P. Paris. Paris 1833/35.

Garnier = Chartes de communes et d'affrachissements en Bourgogne, éd. J. Garnier. Tomes 1—3. Dijon 1867, 77.

Gautier = La chevalerie par Léon Gautier 3me éd. Paris 1895.

Gayd = Gaydon, éd. F. Guessard et S. Luce. Paris 1862.

Glasson = Histoire du droit et des institutions de la France. T. 6. Paris 1895.

Giraud = Essai sur l'histoire du droit français au moyen age. T. 1 u. 2. Paris et Leipzig 1846.

Giry, Rouen = Les Établissements de Rouen, par A. Giry. T. 1, 2. Paris 1883, 1885.

Giry, S. Omer = Histoire de la ville de Saint-Omer et de ses institutions par A. Giry. Paris 1877.

Godfr. = Godefroy de Bouillon, éd. Hippeau. Paris 1877.

Godfr. R. = Godefroid de Bouillon, in Monuments p. s. à l'h. des provinces de Namur. T. 5 u. 6. Paris 1846, 1854.

Gontaud = coutume de Gontaud in Archives historiques du département de la Gironde. T. 7. Paris 1865.

Gr. Chron. = Les grandes chroniques de France, éd. Paulin Paris. T. 4, 6. Paris 1838.

Gr. coust. Norm. = Le grand Coutumier de la Normandie, bei Bourdot de Richebourg. T. IV.

Guérard. Vgl. Cart. de N. D. de Paris.

Gui = Gui de Nanteuil, éd. Meyer. Paris 1861.

Hainaut = Cart. des comtes de Hainaut I, éd. Devillers. Bruxelles 1881 ff.

Hélie. Proc. = Histoire et Théorie de la Procédure criminelle. Paris 1845.

Hist. = Recueil des Historiens des Gaules et de la France.

Houard = Anciennes loix des François ou additions aux remarques sur les coutumes angloises. T. 1 u. 2. Rouen 1766.

Huon = Huon de Bordeaux, éd. Grandmaison. Paris 1860.

Jérusalem = Assisses de Jérusalem ou recueil de ouvrages de Jurisprudence composés pendant le XIIIe siècle dans les royaumes de Jérusalem et de Chypre. T. 1 u. 2. éd. Comte de Beugnot. Paris 1841, 1843.

Jost. et Plet = Li Livre de Jostice et de Plet, éd. Rapetti. Paris 1850.

Jubainville = Histoire des ducs et comtes de Champagne. T. 1 u. 3. Paris 1861.

Languedoc = Histoire générale de Languedoc par deux religieux Bénédictius de la Congrégation de S. Maur. T. 2 bis 4. Paris 1733 bis 1742.

Laurière, Glossaire = Glossaire du droit français contenant l'explication des mots difficiles. T. 1 u. 2. Paris 1704.

Layettes = Layettes du trésor des Chartes, éd. Teulet, Laborde, Berger. T. 1 bis 4. Paris 1863—1902.

Lebeuf, Histoire de Paris = Histoire de la ville et de tout le diocèse de Paris, éd. Cocheris. Paris 1863 ff.

Le Gendre = Les Moeurs et coutumes des François dans les premiers temps de la Monarchie. Paris 1733.

Le Glay. A. d, N. = Le Glay in Archives historiques et littéraires du Nord de la France et du Midi de la Belgique. T. 1 u. 4. Valenciennes 1829, 1834.

Livre des Droiz = Le Livre des Droiz et des commandemens d'office de Justice, éd. Beautemps-Beaupré. T. 1, 2. Paris 1865.

Lobineau = Histoire de Bretagne par G. A. Lobineau. T. 1, 2. Paris 1707.

Loisel = Institutes coustumières, éd. Laurière. T. 2. Paris 1783.

Mac = Macaire, éd. Guessard. Paris 1866.

Malthay = coutume de Malthay bei Giraud. T. 2.

Marchegay Anjou = Archives d'Anjou. T. 1, 2, 3^1, 3^2. Angers 1843—1900.

Marchegay Duell = Duel judiciaire entre des communautés religieuses par P. Marchegay in Bibl. d. l'École des Chartes. T. 1.

Mém. d. l. soc. des Antiqu. norm. = Mémoires de la société des Antiquaires de Normandie. Caen.

M. G. = Monumenta Germaniae.

Monstrelet = Chroniques d'Enguerran de Monstrelet. T. 3. Paris 1572.

Morice = Mémoires pour servir de preuves à l'histoire de Bretagne par H. Morice. T. 1 u. 2. Paris 1742.

Morin, Gastinois = Histoire du Gastinois par Dom Morin, éd. Laurent. T. 1. Paris 1883.

Nouv. Rev. d. Droit fr. et étr. = Nouvelle Revue du droit français et étranger. Paris.

Nouv. Rev. hist. de Droit = Nouvelle Revue historique de Droit etc. Paris.

Olim = Les Olim ou registres des Arrêts rendus par la Cour du Roy, éd. Comte de Beugnot. T. 1—3. Paris 1839—1848.

Ord. = Les Ordonnances des Roys de France de la troisième race. T. 1—14. Paris 1723—1743.

Ord. de Jean = Ordonnance de Jean II. bei Viollet. T. III.

Par. Duch. = Paris la Duchesse, éd. Guessard et Larchey. Paris 1860.

Pasquier = Les recherches de la France par E. Pasquier. Paris 1665.
Pécheur = Annales du diocèse de Soissons par Pécheur. T. 2 u. 3. Soissons 1868, 1875.
Petit, Bourgogne = Histoire des ducs de Bourgogne par E. Petit de Vausse. T. 1—7. Paris 1885—1901.
Pfeffer = Die Formalitäten des gottesgerichtlichen Zweikampfs von M. Pfeffer in Zeitschrift für rom. Philologie, herausgegeben von Gröber. Bd. IX. Halle 1885.
Picardie = Ancien coutumier inédit de Picardie, éd. Marnier. Paris 1840.
Prévôté de Bruges = coutume de la prévôté de Bruges, éd. L. Gilliodts-van Severen. Bruxelles 1887.
Proost. Recherches = Recherches sur la législation des Jugements de Dieu etc. par J. J. E. Proost. Bruxelles 1868.
Prou, Lorris = Les coutumes de Lorris etc. par M. Prou in Nouv. Rev. hist. de Droit fr. et étr. VIIIme année. Paris 1884.
Rec. = Recueil général des anciennes lois françaises par Jourdan, Decrusy, Isambert. T. 1, 2, 3. Paris 1828 ff.
Ren. = Roman de Renard, éd. Méon et Chabeille. Paris 1826—35.
Rethel = Trésor des chartes du comté de Rethel, éd. Saige et Lacaille. T. 1. Monaco 1902.
Rivière = Histoire des Institutions de l'Auvergne par H. F. Rivière. T. 1, 2. Paris 1874.
Rol. = La chanson de Roland, éd. Gautier. Tours 1881.
Roncev. = La chanson de Roland et le roman de Roncevaux, éd. Michel. Paris 1869.
Rosières = Histoire de la société française au moyen-âge par R. Rosières. T. 1. Paris 1880.
Saintes = Cart. inédits de la Saintonges.
Saplayrolles = Recherches sur le Duel judiciaire et la doctrine ecclésiastique par A. Saplayrolles. Paris 1902.
Sa. Sp. L. = Sachsenspiegel Landrechts.
Schaeffner = Rechtsverfassung Frankreichs von W. Schaeffner. Bd. 1—3. Frankfurt 1845—50.
Schmidt = Klagänderung von Rich. Schmidt. Leipzig 1888.
Schultz = Das höfische Leben zur Zeit der Minnesinger. 2. Aufl. Leipzig 1889.
de Smedt = C. de Smedt, Les origines du duel judiciaire, in Études religieuses etc. XXXIe année, tome LXIII. Paris 1894.
Spicilegium d'Achery = Veterum aliquot scriptorum, qui in Galliae Bibliothecis latuerant opera et studio L. D'Achery. Parisiis 1661, 1687.
Stilles Bourg. = Coustumes et Stilles gardez ou duchié de Bourgogne, bei Giraud t. 2.
Styl. = Style du Parlement de Paris, éd. Lot. Paris 1877.
T.-A. = Coutume de Touraine-Anjou, bei Viollet t. 3.
Talhoffer = Ein Beitrag zur Litteratur der gerichtlichen Zweikämpfe im Mittelalter von N. Schlichtegroll. München 1817.
Tanon, Églises = Histoire des Justices des anciennes églises et communautés monastiques de Paris, par L. Tanon. Paris 1883.

Tardif, Mon. = Monuments historiques, par J. Tardif, Paris 1866.

Tardif, Proc. = La procédure civile et criminelle au XIIIe et XIVe siècles, par A. Tardif. Paris 1885.

Thaumassière = Assisses et bons usages du royaume de Jérusalem etc. Paris 1690.

Thierry = Recueil des monuments inédits de l'histoire du tiers état. Première Série. Région du Nord. T. 1 u. 3. Paris 1850, 1856.

Ursinus = Histoire de Charles VI. par Jean Juvenal des Ursins, éd. Godefroy. Paris 1653.

Usage Orlén. = Usages d'Orlénois, bei Viollet. T. 1.

Usatici = Usatici Barchinone patrie, in Giraud t. 2.

Val de Lièvre = Launegild und Wadia von A. Val de Lièvre. Innsbruck 1877.

Varin R. Administratif. = Archives administratives de la ville de Reims, par P. Varin. T. $1^{1 \text{ u. } 2}$. Paris 1839.

Varin R. législatif. = Archives législatives de ville de Reims. Première partie. Paris 1840.

Vaublanc = La France au temps des croisades. t. 1. Paris 1844.

Vrée = Historiae comitum Flandriae liber prodromus alter, par Olivier de Vrée (Olivarius Vredius). Brugis 1650.

Ville de Bruges = Coutume de la ville de Bruges, éd. Gilliodts - van Severen. Bruxelles 1874.

Viol. = Roman de la Violette, éd. Michel. Paris 1834.

Viollet = Les Établissements de Saint Louis publiées, par Paul Viollet. T. 1—4. Paris 1881/86.

Wilken = Geschichte der Kreuzzüge nach morgenländischen und abendländischen Berichten von Fr. Wilken. Leipzig 1807.

Vorbemerkung.

Die vorliegende Arbeit verdankt ihre Entstehung einer Anregung meines hochverehrten Lehrers, des Herrn Geheimen Justizrats Professor Dr. J. Kohler in Berlin, den Zusammenhang zwischen dem gerichtlichen und modernen Zweikampf im französischen Rechte zu untersuchen.

Bei einer Prüfung der vorhandenen Literatur über den gerichtlichen Zweikampf im altfranzösischen Recht (Ende XI. bis Mitte XV. Jahrhunderts) stellte es sich aber heraus, daß wohl vortreffliche Arbeiten über einzelne Phasen des Kampfprozesses vorhanden sind, wie z. B. diejenigen meines hochverehrten Lehrers, des Herrn Geheimen Justizrats Professor Dr. H. Brunner in Berlin, daß andererseits auch auf Grund einzelner Quellen der Kampfprozeß eine für die Mittel, mit denen die Verfasser arbeiteten, treffliche Darstellung gefunden hat; eine die Quellen der verschiedenen altfranzösischen Rechtsgebiete systematisch darstellende Arbeit war aber nicht vorhanden. Bevor daher die Übergangszeit dargestellt werden konnte, mußte in vorliegender Arbeit der Versuch unternommen werden, eine Darstellung dieser Art zu schaffen.

Dabei ergaben sich bei dem großen Rechtspartikularismus, der die altfranzösische Zeit auszeichnet, eine Reihe von technischen und systematischen Schwierigkeiten. Vor allem mußte der Zusammenhang der einzelnen Quellen mit ihrer, besonders in den Epen, oft unvergleichlich schönen Sprache und künstlerischen Vollendung den systematischen Zwecken zum Opfer fallen; eine Ausschreibung der Quellen, die ich in Berlin, Paris und Halle gesammelt habe, in den Noten war wegen der dadurch zu erwartenden unverhältnismäßigen Belastung der Noten untunlich, und an welcher Stelle hätten häufiger zitierte Quellen gerade ausgeschrieben werden sollen? Dann mußte aber auch bei der verschiedenen Gestaltung und Ausführlichkeit der verarbeiteten Quellen, die in den seltensten Fällen sämtliche Akte des Verfahrens wiedergeben, eine Quelle durch die andere; trotzdem dadurch das Bild der einen Quelle mehr oder weniger verwischt wurde, mit Rücksicht auf das Gesamtbild und den Gesamtzweck ergänzt werden, diese Zusammenschweißung konnte dann leider der Natur der Sache nach nur in den Noten ihren dürftigen Ausdruck finden. Eine gewisse Berechtigung dieses Verfahrens darf aber nicht nur in dem Zweck der Arbeit gefunden werden, sie gründet sich vielmehr auf eines unserer besten Rechtsbücher, nämlich die coutumes du Beauvaisis, wo Beaumanoir beim Schweigen einer coutume über eine Rechtsfrage als Regel aufstellt, que l'en jugeroit selonc les coustumes des chasteleries prochienes ou li cas avroit esté jugiés.[1])

Der Ausschluß der Zeugen- und Urteilschelte von dieser Darstellung gründet sich darauf, daß die Zeugenschelte, nur geringe Abweichungen, abgesehen von der Produktion der Zeugen, ihrer Beeidigung und dabei erfolgenden Schelte, sowie dem Verfahren im Präsentationstermin, im Verfahren aufweist, daß sie demgemäß am Gesamtbild des Verfahrens nur wenig ändert und speziell für unsern Zweck, eine Grundlage für die Untersuchung der Übergangszeit zu schaffen, nur von minimalem Wert ist, daß andererseits für die Urteilschelte ein durchaus anderes Verfahren beobachtet wurde, dessen Darstellung für unseren Zweck von keiner Bedeutung ist.

In dem zweiten Teile dieser Arbeit, der dem Abschluß nahe ist, wird der Übergang zum Privatzweikampf dargestellt werden.

---

[1]) Beaum. 1829.

Es erübrigt mir noch, an dieser Stelle meinen hochverehrten Lehrern, den Herren Geheimen Justizräten Brunner und Kohler, für ihre liebeswürdigen Hinweise auf Literatur, insbesondere dem letzteren auch für die mir in seinem strafrechtlichen Seminar bei dem Beginn dieser Arbeit erteilten Ratschläge, und für die Durchsicht der vollendeten Arbeit meinen ehrfurchtsvollsten Dank auszusprechen.

Halle a. S., den 19. Oktober 1905.

Einleitung.

Der Begriff des gerichtlichen Zweikampfes.

I. Nach den uns überlieferten Quellen lassen sich drei Arten von Zweikämpfen unterscheiden, nämlich der Auguralzweikampf, der konventionelle Zweikampf und der gerichtliche Zweikampf.

II. Der Auguralzweikampf findet statt in Vertretung und in Gegenwart zweier einander kampfbereit gegenüberstehender Heere zwischen zwei Angehörigen derselben; der Sieg des einen Vertreters wird als Weissagung für den Sieg des vertretenen Heeres oder Stammes angesehen, ohne daß jedoch der Kampf der Heere selbst dadurch erübrigte. Eine Erinnerung an diesen Auguralzweikampf findet sich noch in Sa. Sp. L. I, 38 § 3.

III. Der konventionelle Zweikampf ist entweder öffentlicher oder privater Zweikampf. Als öffentlicher Zweikampf findet er statt zwischen zwei Stammeshäuptern oder Heerführern oder deren Stellvertretern auf Grund eines Vertrags, kraft dessen sie sich verpflichten, den Stamm oder das Heer, dessen Vertreter siegt, als Sieger und demgemäß als berechtigt, die Vorteile des Siegs für sich in Anspruch zu nehmen, anzuerkennen. Als privater Zweikampf findet er statt zwischen zwei Privatpersonen ohne Eingreifen der öffentlichen Gewalt, manchmal sogar im Widerspruch zu dem bestehenden Recht auf Grund eines Vertrags zur Rache für erlittenes Unrecht oder zur Schaustellung, um einen Beweis der Tapferkeit und Furchtlosigkeit abzulegen.

IV. Der gerichtliche Zweikampf ist ein von der öffentlichen Gewalt angeordneter oder erlaubter Kampf zweier oder mehrerer Personen auf Grund eines den bestehenden Gesetzen entsprechenden Vertrages und dient als Beweismittel in einem schwebenden

Verfahren. Ursprünglich ein in das ordentliche Verfahren beim Versagen der ordentlichen Beweismittel eingelegtes Stück Fehde zum Beweis einer einzelnen das Urteil bedingenden Frage, erscheint er schon in der Zeit der Volksrechte als eigenes Verfahren mit dem Charakter eines Ordals, den er bis zu seinem Verschwinden aus dem gerichtlichen Verfahren beibehält.

V. Im folgenden findet nur der Kampfprozeß der nachkarolingischen altfranzösischen Zeit seine Darstellung, während die Quellen der karolingischen Zeit und der Volksrechte nur zur Illustration oder zur Herstellung des geschichtlichen Zusammenhangs gelegentlich Verwendung finden. Für die Zeit der Volksrechte und der karolingischen Zeit verweise ich auf die trefflichen Arbeiten von Felix Dahn, Studien zur Geschichte der Gottesurteile. Habilitationsschrift 1857 (Bausteine II, 1880); demselben, die Germanen, Leipzig 1905. p 50f. — C. de Smedt, Les origines du duel judiciaire in Études religieuses etc. 31e année, t. 63. Paris 1894 — J. Declareuil, Les preuves judiciaires dans le droit franc, de Ve au VIIe siècle (6e et dernier article). VI. Du duel judiciaire, in Nouvelle Revue historique de Droit français et étranger 23e année no 3. Paris 1899. p. 330ff.

Erstes Kapitel.

Das materielle Kampfrecht.

§ 1.

Der gerichtliche Zweikampf in Zivilsachen.

Zur Entscheidung von Zivilsachen ist der Kampf noch im dreizehnten Jahrhundert allgemein üblich.

I. Zahlreiche Quellen berichten von dem kämpflichen Austrag der Streitigkeiten über die Rechtsverhältnisse an Grundstücken. Besonders im Norden, Nordosten und Zentrum war in diesen Prozessen der kämpfliche Gruß noch sehr beliebt,[1]) wogegen der Süden sich schon seit dem Ausgang des XII. Jahrhunderts rationellerer Beweismittel bediente, während er sich im XI. Jahrhundert auch hier noch findet.[2])

Im normannischen Recht ist nach dem Grand coustumier der Kampf nur in zwei Fällen gebräuchlich, dagegen zählen die Établissements et coutumes noch einige andere auf;[3]) es

---

[1]) Abbeville (1183), Amiens (1190, 1209, 1225) in Ord. XI, p. 266. — Amiens (XIII) bei Thierry I, p. 142. — Amiens (1249) art. 61 bei Thierry Bd. I, p. 138. — Dourlens (1202, 1221) in Ord. XI, p. 312. — Beaumont-sur-Oise (1222, 1223) in Ord. XII, p. 298 u. 308. — Chambli (1173, 1222) in Ord. XII, 304. — Asnières (1223) in Ord. XII, 313. — Artois 40,1 u. 43,2. — Beaum. 1720. — Fontaines XIII, 9. — Rethel (1253) in Rethel I, n° 141. — Abrégé Champ 134. — Fleury ./. S. Denis (834) in Hist. VI, 313. — S. Aubin d'Angers (1056) in Hist. VI, 429. — S. Pierre de Bourgeuil (1082) in Hist. XIV, 118. — S. Maure (1125/1135) Cart. S. Mauri n° 55 in Marchegay, Anjou I. — Usage Orlén 9. — Et. I, 95 u. II, 11. — Jost. et Plet p. 125 — coll. Lamoignon. Reg. crim. vol. 325, lp. 2477 (1372), bei Doucoudray p. 403.

[2]) Narbonne (1023), in Languedoc I, 175 n° 154.

[3]) Gr. coustumier Norm. ch. 87. — Établ. norm p. 17, 19, 76. — Über das bretonische Recht vgl. Cout. Bretagne 134. — Pont-Audemer (XII) Cartulaire de a léproserie de S. Gilles bei Canel p. 78.

ist demnach nicht angebracht, aus dem Text des Grand coustumier auf eine Abneigung des normannischen Immobiliarprozesses des dreizehnten Jahrhunderts gegen dieses Beweismittel zu schließen; allerdings konkurriert im normannischen Recht das Verfahren par requenoissant mit dem Zweikampf; mißlingt aber das erstere, ains doit l'en recorre à prover par bataille.[1])

Auch das Eigentum an Kirchen war manchmal Gegenstand des Kampfprozesses;[2]) ebenso findet sich das Verfahren bei Streitigkeiten über die Grenzen einer Parochie.[3])

Im älteren Prozeß war der Kampf noch als Beweismittel bei der Entwerung zugelassen;[4]) jedoch stand es beim sesi, ob er den Beweis durch Kampf oder aber durch ein anderes Beweismittel erbringen wollte. Dagegen kennen die Livres de Jostice et de Plet, die doch im allgemeinen dieser Verfahrensart nicht ablehnend gegenüberstehen, für den Beweis der desaisine nur die enqueste.[5])

Wohl aber erwähnt Beaumanoir zwei Fälle, in denen der Beweis bei Entwerung durch gages erbracht werden kann, nämlich einmal quant li ples vient a pledier de la propriété, la pueent estre li gage und ferner, wenn beide Parteien behaupten, daß sie en la derraine saisine pesible d'an et de jour seien, jede Partei dafür Zeugen produziert und eine Partei die Zeugen der andern schilt et l'autre partie ne le debat pas, dann steht es im Ermessen des Gerichtsherrn, ob er den Kampf gestatten will. Im allgemeinen ist aber auch nach Beaumanoir der kämpfliche Gruß hier bei der Entwerung unzulässig.[6])

Über das Bestehen eines Nießbrauchs an einem Grundstück konnte ebenfalls im kämpflichen Verfahren entschieden

---

[1]) a. A. Canel p. 38/39.

[2]) Verrières (circa 1100) Cart. S. Dionysii de Nogento-Rotrudi n° 53 in Arch. du diocèse de Chartres I. — Saintes (1134/1151) n° 153. — Béziers (1053) Languedoc II, 222, n° 205.

[3]) Cart. de Ronceray (circa 1100) n° 45 bei Marchegay, Anjou III, 1.

[4]) Cart. S. Dionysii de Nogento-R. n° 19 (1100/1120). — Compilatio Andegav. 101. — Établ. norm. p. 17. — Livre des Droiz 343.

[5]) Jost. et Plet p. 317.

[6]) Beaum. 1824.

werden;[1]) dasselbe Beweismittel war auch anwendbar beim Streit über eine Grunddienstbarkeit.[2])

Auch für Erwerb durch Ersitzung konnte nach dem Livre des Droiz durch Kampf der Beweis geführt werden.[3])

II. Im Lehenrecht findet der Zweikampf nicht selten Anwendung, so z. B. wenn der Herr die Rückgabe des Lehens ungerechtfertigter Weise verlangt;[4]) wenn der Herr bestreitet, dem Mann ein Grundstück usw. zu Lehen gegeben zu haben[5]) oder der Mann ein solches zu Lehen empfangen zu haben;[6]) wenn der Mann das Lehen vernachlässigt;[7]) wenn Streit über die Lehensfolge entsteht;[8]) wenn zwei verschiedene Herren die Lehensherrlichkeit beanspruchen.[9])

III. Eine Reihe von Rechtsverhältnissen, die mit dem Lehensverband und der Vogtei im engen Zusammenhang stehen, konnten ebenfalls im Kampfprozeß entschieden werden. So wird das présentement à une église mangels Urkunden und nach ergebnisloser enqueste durch gage entschieden;[10]) in derselben Weise wird der Streit über den Anspruch auf einen prévôté erledigt;[11]) über die Gerichtsbarkeit in Bèze wird durch Kämpfen im Parlament Beweis erbracht und dieselbe dem Bischof von Langres zugesprochen;[12]) über den Gerichtsstand der Einwohner von Château-neuf wurde im kämpflichen Verfahren entschieden;[13]) in Saintes wurde im Jahre 1134 ein Prozeß durch Kampf zum Austrag gebracht, in dem der Enkel die Erblichkeit der von

---

[1]) Cartulaire de S. Père de Chartres I, p. 160 n° 33 (1070). — Jost. et Plet p. 154.

[2]) Jost. et Plet p. 172.

[3]) Livre des Droiz 343.

[4]) T-A. 39. — Et. I, 49. — BBB. 47. — BBC. 42.

[5]) Usatici 57; jedoch nur, falls der Mann die Gewere hat, sonst Zeugen- oder Urkundenbeweis.

[6]) Et. II, 30. — Usage Orlén 28.

[7]) Et. II, 30. — Usage Orlén 28.

[8]) Foix ./. Armagnac (1293) in Rec. II, p. 694.

[9]) Prou, Lorris p. 188 nach Suger, Vita Ludovici c. XVIII, ed. Lecoy p. 76.

[10]) Etabl. norm p. 57 = Canel p. 41.

[11]) Nov. chron. norm. (1240) p. 21, bei Canel p. 98 = Hist. XXIII, 399 Jumièges (1240).

[12]) Garnier I, p. 529 n° 245 (1212 u. 1239).

[13]) Giry, Rouen II, XXI (1232).

seinem Großvater innegehabten forestaria behauptete;[1]) in Marmoutier wurde über das Bestehen einer consuetudo marescalciae,[2]) und später über den Anspruch auf die coûtumes des forêts du Trait et de Caudebec zwischen der Abtei S. Wandrille und dem Grafen Wilhelm v. Évreux im selben Verfahren geurteilt;[3]) die Charte von Bonneval zeigt, daß auch über censiva et terragia in diesem Verfahren befunden werden konnte.[4]) In S. Germain-des-Prés fand im Jahre 1027 wegen unberechtigter „Usurpationen und Exaktionen" ein Zweikampf statt.[5]) Eine Urkunde des Klosters Talmond berichtet von einem Prozeß über das bei der Erhebung des Getreidezehnten anzuwendende Maß, eine andere über ein Verfahren wegen eines Zwangsrechtes de furno Olonae: über beide Klagen kommt es zum kämpflichen Gruß.[6])

IV. Bei Streitigkeiten über das Eigentum an serfs fand ebenfalls der Kampf Anwendung.[7])

V. Im eigentlichen Freiheitsprozeß, wo die Frage: ob frei?, ob Knecht? zur Entscheidung stand, stellte man vielfach auf das kämpfliche Verfahren ab, obwohl auch der Beweis par la preuve du ventre et l'ourine par procinct erbracht werden konnte.[8]) Nur vereinzelt kamen im zwölften Jahrhundert für einzelne champagner Grundherren Privilegien vor, die denselben gestatteten, ihre Leibeigenen ohne Kampf durch einfachen Zeugenbeweis zu vindizieren.[9]) Spätere Urkunden geben dem Herrn anheim, im

---

[1]) Cart. inédits d. l. Saintonges II, n° 218.

[2]) Cart. de Marmoutier p. XXVII

[3]) Neustria pia bei Canel p. 73/74.

[4]) Bonneval (1265) in Layettes n° 5068.

[5]) Hist. X, 612.

[6]) Cart. de Talmond n° 108 (1092/1124) u. n° 58 (circa 1094).

[7]) Til-Châtel (1090/1095). Arch. d. l. Côte d'or. Cartulaire de S. Étienne par Perard p. 75/76 in Petit, Bourgogne I, p. 233. — Fleury (1136) Hist. VI, p. 484. — S. Germain-des-Prés (1154) bei Bouillart n° 52; ungenau ist die Datierung dieser Urkunde in Tanon, Églises p. 24; da ein Gaufridus nur von 1152 bis 1154 Abt war, fällt die Urkunde in die Jahre 1152—1154 und darf nicht auf den Anfang des zwölften Jahrhunderts datiert werden.

[8]) Vgl. über diese Verfahrensart Brussel II, p. 1003/1007.

[9]) Chaource (1165) in Jubainville III, 160 n° 135. — S. Quiriace (1176) in Jubainville III, 160 n° 252.

Freiheitsprozeß den Beweis durch Kampf oder se tercio militum et per IV armigeros zu führen.[1])

In anderen Gebieten Frankreichs war der kämpfliche Beweis im Freiheitsprozeß die Regel.[2]) Der als Eigenmann beanspruchte brauchte in diesem Verfahren nur gegen einen Angehörigen des Standes zu kämpfen, dem anzugehören er behauptete.[3])

Zu Beaumanoirs Zeiten scheint der Beweis par orine schon gebräuchlicher zu sein; daneben war der Zeugenbeweis, wenigstens bei Klagen kirchlicher Herren, in Übung; doch läßt er es zu, daß die Kirche die Zeugen des Eigenmannes schilt.[4])

VI. Bis zum Ende des dreizehnten Jahrhunderts war der Kampf im Mobiliarprozeß zulässig;[5]) in Abbeville konnte sogar bis zum Jahre 1383 ein einziger Zeuge in demselben gescholten werden.[6]) Auffallend ist immerhin, daß einzelne Fälle dieser Art uns nicht urkundlich überliefert worden sind, vielleicht liegt es daran, daß Urkunden über dieselben, für die doch eine Gebühr zu bezahlen war, von den Parteien mit Rücksicht auf die Geringfügigkeit des Streitgegenstandes nicht verlangt wurden und daß man sich mit der Wiedererlangung oder Einräumung der Gewere begnügte, vielleicht haben aber auch spätere Geschlechter einer Aufbewahrung solcher Urkunden einen Wert nicht beigelegt, wodurch sie im Laufe der Zeit verloren gingen. Viele

---

[1]) Fîmes (1227, 1316) Ord. XII, p. 419 art. 13 = Layettes 1913. — Escueil (1229) in Layettes n° 2017.

[2]) Étampes (1179) in Ord. XI, 212 art. 12. — Jost. et Plet p. 294, XIII. — Et. I, 6.

[3]) S. Benoît-sur-Loire (964/968) in Miracula S. Benedicti VIme Éd. par Certain bei Jubainville I, 143ff. — Cart. de S. Aubin d'Angers (sine dato) in Franc aleu p. 263. — Mons (1188) in Gislebertus, Chronicon Hanoniense anno 1188, vgl. dazu Le Glay, Arch. d. N. I, 82, und Schultz, Bd. II, p. 169ff.

[4]) Beaum. 1823.

[5]) Amiens XIII in Thierry I, p. 138ff. — Cambrai (1230) § 1. — Fontaines XIII, 9. — Beaum. 1721. — Artois 40, 1 u. 13. — Rethel (1253) in Rethel I, n° 141. — Abrégé Champ. 134. — Beaumont (1182) art. 30. — Et. I, 95. — Jost. et Plet p. 102, XVIII. — Gr. Coustumier norm. 87. — Échiquier (1218) bei Canel p. 95.

[6]) Abbeville (1383) in Ord. VII, 61.

Mobiliarprozesse wurden jedenfalls auch in dem wesentlich billigeren Beweisverfahren durch Zeugen oder Eineid entschieden.[1])

VII. Beim Anefang ist der Beweis durch Kampf vielfach üblich. Nach der loi de Beaumont kann der Besitzer die Gewähren des Klägers fordern,[2]) nach Jost. et Plet kann der Kläger den Besitzer einer verpfändeten Sache im Anefangsverfahren kämpflich grüßen;[3]) nach andern Quellen, nach denen ein Gewährenzug bis zum siebenten stattfindet, kann der letzte Gewähre, der originären Erwerb behauptet, vom Kläger gefordert werden.[4])

VIII. Bei Klagen um Schuld (pecunia, debita, nombre) ist der kämpfliche Gruß allgemein gestattet;[5]) in S. Quentin war zwar derselbe unter Bürgern verboten, wohl aber konnte ein Bürger einen Ritter oder einen Eigenmann fordern.[6])

In fast allen Quellen findet sich eine Mindestwertgrenze für Klagen um Schuld, unterhalb deren der Kampfprozeß unzulässig war. Nach einigen Quellen ist diese Grenze 5 s.[7]) Nach BBA. war die Grenze wohl 6 s;[8]) in andern Quellen findet sich eine Grenze von 10 s, so in der Normandie seit Heinrich I.[9]) und im Nordosten;[10]) Beaumanoir normiert sie auf

---

[1]) Vgl. z. B. Jost. et Plet p. 99.

[2]) Beaumont (1182) art. 30.

[3]) Jost. et Plet p. 309, XXXV.

[4]) BBB. 100. — T-A. 84. — Et. I, 95. — BBC. 92. — Livre des Droiz 109, 343.

[5]) Z. B. Beaumont (1182) art. 30. — Beaumont-sur-Oise (1222, 1223) in Ord. XII, 298 u. 308. — Chambli (1173, 1222) in Ord. XII, 304. — Asnières (1223) in Ord. XII, 313. — Bonneval (1265) in Layettes n° 5068. — Cambrai (1230) § 1. — Artois 40, 2. — Ancien. Bourg. 5 u. 6.

[6]) S. Quentin (1195) in Ord. XI, 272.

[7]) Orléans (1168) in Ord. II, p. 16 art. 3 = Rec. I, p. 162 n° 54. — BBB. 128. — T-A. 111. — Et. I, 122. — Amiens (1249) art. 80 bei Thierry I, p. 147; nach art. 72 konnte bei Schulden von 2 s 6 d gegen Nichtbürger schon in dieser Weise der Beweis geführt werden. — Livre des Droiz 337, 343.

[8]) BBA. 32; vgl. dazu Violett I, 28.

[9]) Gr. coust. norm. 87.; vgl. dazu Canel p. 37 nota 2. — Brussel p. 962.

[10]) Beaumont (1182) art. 30. — Rethel (1253) in Rethel I, n° 141. — Bertoncourt (1255) in Rethel I, n° 156.

12 d.[1]) Die Fors de Morlaas bezeichnen 40s als Grenze;[2]) die Usatici gaben nur für den miles senex und den pauper eine Grenze, die sie bei 5 Unzen Goldes ziehen.[3]) Die Assisses d'Antioche setzen sie auf eine Mark Silbers an,[4]) ebenso Jacques Ibelin, Geoffroy le Tort,[5]) usw.

Eine einzige coutume schließt den Kampf bei Klagen um Schuld schon in der ersten Hälfte des dreizehnten Jahrhunderts aus, die von La Roche-Pot.[6])

IX. Bei einer großen Anzahl anderer Schuldverhältnisse lassen die Quellen ebenfalls den kämpflichen Gruß zu. Allgemein ist er bei conventiones in Bonneval zugelassen.[7])

Bei Bestreitung von Schenkungen findet er sich mangels einer Urkunde,[8]) sowie bei Anfechtung von Schenkungen wegen mangelnden Erbenlaubs.[9])

In derselben Weise wird auch ein Kauf wegen Zwangs angefochten[10]) und die Eviktion vorgenommen.[11])

---

[1]) Beaum. 1818; es scheint mir zweifelhaft, ob hier nicht statt 12 d 12 s zu lesen ist, da sich ein so niedriger Betrag sonst nirgends in den Quellen findet.

[2]) For de Morlaas rubr. 28, p. 129 art. 64 u. rubr. 37, art. 127 p. 145.

[3]) Usatici cap. 54.

[4]) Antioche HC. chap. IX, p. 28; Antioche Bourgeois chap. VI, p. 38.

[5]) Jérusalem HC. livre de Jacques Ibelis ch. 15, p. 459, u. livre de Geoffroy le Tort ch. 24, p. 441.

[6]) La Roche-Pot (1233) bei Garnier II, n° 328.

[7]) Bonneval (1265) in Layettes 5068.

[8]) Lézar (1026) in Languedoc II, 159. — Lézar (1048) in Languedoc II, 215 n° 194. — Talmond (circa 1095) in Cart. de Talmond n° 59.

[9]) Beaulieu en Limousin (960) in Cart. de Beaulieu p. 85 n° 47 = Spicilegium d'Achery t. III, p. 376 = Languedoc II, p. 103 n° 93 = Proost, Recherches p. 82. Die Datierung dieser Urkunde verursacht wegen der schwankenden Epoche des Königs Lothar Schwierigkeiten; nach der richtigen Ansicht ist sie 953. Das Datum: die veneris, III. idus julii, anno octavo sub Lotario rege wird daher richtig als 13. Juli 960 aufgelöst. Eine Umänderung der III in eine V, wie Mabillon will, ist unmöglich, da der als Richter fungierende Regimundus comes bereits 960 stirbt. Vgl. hierüber M. Deloche, Cartulaire de l'Abbaye de Beaulieu en Limousin, Paris 1859, p. CCXIII. — Talmond (circa 1095) n° 96 u. (1130) n° 285 in Cart. de Talmond.

[10]) Talmond (circa 1095) n° 60 in Cart. de Talmond.

[11]) S. Victor de Marseille (1173) n° 557 in Cart. de S. Victor de Marseille.

Das Bestehen einer Genossenschaft kann ebenso bewiesen werden.[1])

Beim Bestreiten eines Auftrags kann der Nachweis für das Bestehen desselben ebenfalls durch gages de bataille erbracht werden.[2])

Bestreitet ein Schiffer, Waren zur Seefracht erhalten zu haben, so kann der Beweis durch Kampf geführt werden; behauptet aber der Schiffer, er habe die Waren in Seenot über Bord geworfen, so genügt hierfür der seremanz au compagnons de la nef et en tel chose n'a point de gage.[3]) Dies erklärt sich vielleicht aus der Konstruktion des Vertrages als Verwahrungsvertrag, zu dessen Beweise nach einigen Quellen der kämpfliche Gruß ausgeschlossen war.[4])

Wenn ein sergenz Rechnung gelegt zu haben behauptet, so ist hiergegen kämpflicher Beweis zulässig.[5])

Wenn der Entleiher bestreitet, eine Sache zur Leihe empfangen zu haben,[6]) und wenn der Bürge bestreitet, sich verbürgt zu haben,[7]) so ist der Beweis durch Zweikampf zulässig.

Dieses Verfahren findet sich ferner beim Beweise der Sachbeschädigung durch Menschen oder vierfüßige Tiere; aber auch hier darf der Schaden nicht unter der Wertgrenze liegen.[8])

Gibt der Beklagte eine Bedrohung zu, leugnet aber den entstandenen Schaden, so ist der Gegenbeweis durch Zeugen und durch enqueste unzulässig, er muß vielmehr durch gaige erbracht werden.[9])

---

1) Jost. et Plet p. 168, VII, 15 § 4.

2) Jost. et Plet p. 164, VII, 10 § 5.

3) Jost. et Plet p. 161, VII, 4 § 2 und VII, 3 § 2.

4) Vgl. hierzu Livre des Droiz 94, 130, 905. — BBA. 77. Vgl. auch p. 12, X g.

5) Jost. et Plet p. 153, VI, 2 § 1.

6) Jost. et Plet p. 167, VII, 14 § 3.

7) Jost. et Plet p. 275, XVIII, 7 § 3 u. p. 313, § 38. — BBB. 128. — T-A. 111. — Et. I, 122. — BBC. 118. In allen diesen Fällen ist jedoch die Wertgrenze Ausschlag gebend. — For de Morlaas rubr. 37 art. 127 p. 146 (nicht unter 40 s).

8) Jost. et Plet p. 322 § 48.

9) Stilles Bourg. 53.

Gegen die Beschuldigung, daß mit falschem Maß gemessen sei, hat der Beschuldigte ebenfalls die Möglichkeit, den Beweis durch Kampf zu führen.[1])

X. In einer Reihe von Fällen war der kämpfliche Beweis unzulässig:

a) bei der preuve de parenté et d'aage;[2]) nach Jost. et Plet findet bezüglich der Geltendmachung des droit de lignage nur über die Verjährungsfrist Kampf statt, nicht aber beim Bestreiten:

α) qu'il n'est pas de lignage,

β) qu'il n'est pas de cel paroi dont la chose muet.[3])

Der Beweis des Alters eines Kindes wird in erster Linie durch das Befragen der parreins et marreimes qui le tindrent sur fons erhoben; sind sie nicht mehr am Leben, so wird der Vormund des Kindes gehört, ist auch dies unmöglich, so stellt der Richter par veoire das Alter des Kindes fest.[4])

b) bei der rescousse d'eritage;[5])

c) falls es sich um eine chose lessié en testament handelt;[6]) jedoch läßt Jost. et Plet den Kampf zu im Immobiliarprozeß, wenn die Wertgrenze gewahrt bleibt;[7])

d) falls es sich um ein Wittum (douaire) handelt;[8])

e) falls eine eritage amorti qui est d'eglise Gegenstand des Verfahrens ist;[9])

f) falls Vermögensrechte der sousaagiés im Streite befangen sind, gleichgültig, welcher Art das Rechtsverhältnis im einzelnen Fall ist.[10])

In den Fällen b) und d) kann jedoch der Erbe bzw. die Witwe auf das Privilegium verzichten;[11]) dies ist auch bei f) der Fall, jedoch kann hier und bei d) der Anspruchsgegner,

---

[1]) Jost. et Plet p. 146, IV, 21 § 9.

[2]) Jérusalem H C. Jean d'Ibelin 160, p. 241 und Geoffroy le Tort 29, p. 442. — Clef. ch. 89, p. 586.

[3]) Jost. et Plet p. 128, VIII § 1.

[4]) Livre des Droiz 872.

[5]) Beaum. 1820.

[6]) Beaum. 1821.

[7]) Jost. et Plet. p. 125, IV, 4 § 1.

[8]) Beaum. 1822.

[9]) Beaum. 1823.

[10]) Beaum. 1825.

[11]) Beaum. 1822.

falls er gefordert wird, eschiver des gages, d. h. den Kampf ohne Rechtsnachteil ablehnen.[1])

Diese Privilegien b), d) und f) haben im wesentlichen den Zweck, den durch sie begünstigten kostspielige Prozesse zu ersparen. Die Bestimmung zu f) und d) bezüglich des Anspruchsgegners beruht wohl auf Billigkeitsgründen, wie ja überhaupt in der zweiten Hälfte des dreizehnten Jahrhunderts die Billigkeit im Verfahren einen immer größeren Umfang annimmt.

In den Fällen c) und e) handelt es sich um Begünstigung der manus mortua. Im Fall c) ist der Kampf überhaupt ausgeschlossen, car male chose seroit que li executeur despendissent ou plet des gages les biens qui doivent estre converti ou profit de l'ame a celi qui fist le testament. Im Falle f) wird der Kirche gestattet, ihr ungünstige Zeugen zu schelten, ohne daß der Gegenpartei dasselbe Recht zustünde.[2])

g) Der Kampf ist nach zwei Quellen ausgeschlossen, falls es sich um einen Verwahrungsvertrag handelt.[3]) Die compilatio Andegavensis läßt als Beweis nur plein seirement und enqueste zu.[4]) Den Grund für diese Bestimmungen geben beide Quellen nicht an; die beiden Artikel beziehen sich aber auf ähnliche Fälle, wie sie Beaumanoir im Kapitel XXXVI gibt; danach scheinen im wesentlichen Zweckmäßigkeitsgründe für eine derartige Bestimmung maßgebend gewesen zu sein. Beaumanoir selbst hält in einem der dort aufgeführten Fälle die enqueste für das geeignete Verfahren, erwähnt aber nichts von einem Kampfesverbot.[5])

h) Ein kämpfliches Verfahren ist ferner unzulässig puis que l'en ait renoncié en sa letre a toutes choses que l'en pourroit fere ou dire contre la letre, fors en un seul cas: nämlich, wenn die Echtheit der Urkunde bestritten wird.[6])

i) Der Kampf ist, wie jeder andere Beweis, unzulässig in

---

[1]) Beaum. 1825. [2]) Beaum. 1821 u. 1823.

[3]) BBA. 77. — Livre des Droiz 94; vgl. auch 130.

[4]) BBA. 77. [5]) Beaum. 1113.

[6]) Beaum. 1827. — Vgl. auch Livre des Droiz 343.

den Fällen, wo der Beweis durch recort möglich ist.[1]) Der recort ist nach Jost. et Plet nichts anderes als les paroles, qui sunt dites devant le juge quant ele sunt niés;[2]) er entspricht dem deutschen Gerichtszeugnis. Möglich ist der recort in folgenden Fällen:

1. falls eine res judicata vorliegt,[3])
2. falls es sich um convenances de mariage handelt,[4])
3. bei chose mise a fin (Schiedsspruch),[5])
4. nach andern, stets en la cort le roi und assisse de balif;[6]) nach diesen ist der recort aber nur mit preuve par tesmoing und par gage de bataille konkurrierendes Beweismittel.

Aus diesem Prinzip erklärt sich auch eine Bestimmung der ältesten charte von Amiens; sie sagt: „Si conventio aliqua facta fuerit ante duos vel plures scabinos, de conventione illa amplius non surget campus vel duellum, si scabini qui conventioni interfuerunt, hoc testificati fuerint.[7]) Einen dieser Stelle entsprechenden Vertrag teilt Thierry mit (Bd. I, p. 63, Amiens [1153]).

§ 2.

Der gerichtliche Zweikampf in Strafsachen.

In Strafsachen hat der Zweikampf als Beweismittel noch zweihundert Jahre länger bestanden als in Zivilsachen. Im zwölften und dreizehnten Jahrhundert noch bei den geringfügigsten Delikten in Übung,[8]) beschränkt er sich im vierzehnten

---

1) Beaum. 1826.

2) Jost. et Plet p. 318 § 16.

3) Beaum. 1150. — Et. II, 11. — Usage Orlén 9. — Nach Jost. et Plet p. 317 § 9 findet in diesem Falle enqueste statt.

4) Beaum. 1152, 1208.

5) Beaum. 1152. — Et. II, 11. — Usage Orlén 9. — Nach Jost. et Plet p. 317 § 10 findet hier enqueste statt.

6) Et. II, 11. — Usage Orlén 9.

7) Amiens (1117) bei Thierry Bd. I p. 42 art. 44; vgl. auch Abbeville art. 26 bei Thierry p. 42 nota 4.

8) Dun-le-Roy (1181) und Bourges (1224, 1293) befreien ausdrücklich vom Zweikampf bei Feldfreveln, wo er zweifelsohne vorher zugelassen war. cf. Thaumassière, Berry et Lorris p. 69 u. 72.

Jahrhundert auf Kapitalsachen,[1]) wie ja überhaupt seit der Mitte des dreizehnten Jahrhunderts die Entwicklung dahin geht, den Kampf immer mehr zu beschränken.[2]) So läßt z. B. schon in der Mitte des dreizehnten Jahrhunderts die consuetudo von Rheims den Kampf nur in Strafsachen zu.[3])

I. Am häufigsten erwähnen die Quellen den Kampf als Beweismittel bei Mord, den Beaumanoir folgendermaßen definiert. „Murtres si est quant aucuns tue ou fet tuer autrui en aguet apensé puis soleil esconsant dusques a soleil levant, ou quant il tue ou fet tuer en trives ou en asseurement.“ [4]) Bei diesem Verbrechen, das ja durch Zeugen nicht nachgewiesen werden konnte, war das kämpfliche Verfahren in der Blütezeit des Kampfrechtes allein üblich und es hat sich hier[5]) auch am

---

[1]) Großenteils unter dem Einfluß der Ord. v. 1306 (Rec. II, 831 ff.) und der sich immer mehr ausbreitenden königlichen Gerichtsbarkeit.

[2]) Vgl. z. B. Gr. coutumier norm. Glosse zu ch. tenure par hommage bei Canel p. 55.

[3]) Reims (1248) art. 40 in Varin, Reims législatif p. 38, I. — Unrichtig ist aber die Ansicht Houards (I, 221), daß im normannischen Recht der Kampf nur in Strafsachen zulässig gewesen sei.

[4]) Beaum. 825.

[5]) Amiens (1249) art. 49 bei Thierry I, p. 134. — Amiens (1315) art. 25 in Ord. I, 567. — Artois 43,$_1$; 40,$_5$. — Beaum. 1711; — Abbeville (1183). — Amiens (1190, 1209, 1225) in Ord. XI, p. 266. — Étampes (1179) in Ord. XI, p. 212 art. 8. — Peronne (1207, 1209, 1368) in Ord. XI, p. 299. — Athyes (1212) in Ord. V, p. 159. — Laon (1189) in Layettes n° 358. — Soissons (1293) bei Boutaric n° 824*. — Douai (1355) und Valenciennes (1358, 1375) bei Le Glay in A. d. N. I, 84. — Quesnay (1405) bei Le Glay in A. d. N. IV, 484. — Valenciennes (1455) bei Le Glay in A. d. N. I, 85. — Bouteiller 748a. — Nicht nach Artois 47,$_8$, weil der Täter dadurch straffrei ausgehen könnte. — Abrégé champ. 127, 133, 146. — Ancien Bourg. 29. — Pontailler (1257) bei Garnier II, p. 299 n° 11. — Bourges (1317) bei Boutaric n° 5222. — Et. II, 12, 35, 36, I, 175. — T-A. 165. — Usage Orlén 10, 35, 36. — Beaumont-sur-Oise (1222) Ord. XII, p. 308. — BBB. 177. — BBF. 1303, 1366. — Olim (1296) II, 403 XIII u. II, 592 V. — S. Geneviève (1266) bei Tanon, Églises p. 27. — Coll. Lamoignon Reg. crim. vol. 324, p. 582/3 (1341/2) bei Ducoudray p. 400. — Clermont (1262), Riom (1249, 1270), Billom (1281) bei Rivière I, p. 298, 253, 332. — Bordeaux (XIV) in Arch. municip. de Bordeaux p. 168 n° 222 u. p. 174 n° 226. — For de Morlaas rubr. 29 art. 66 p. 129 (1200). — For de Béarn rubr. 51 art. 172 p. 64. — Toulouse (1317) bei Boutaric n° 5474. — Lillebonne (1080) art. 19 in

längsten erhalten. Unzulässig ist der Kampf in späterer Zeit bei Giftmord.[1])

II. Bei encis, ocis, d. h. ferir fame enceinte, et elle meurt dou coup et lui et l'enfant, wird der Beweis auch durch kämpflichen Gruß geführt.[2])

III. Bei omicide ist der kämpfliche Beweis nach einer Anzahl von Quellen zulässig;[3]) Beaumanoir definiert dies Delikt folgendermaßen: „Homicides si est quant aucuns tue autrui en chaude mellee, si comme il avient que tençons nest et de la tençon vient laide parole et de la laide parole la mellee par laquele aucuns reçoit mort souventes fois."[4]) Nach einem arrêt du parlament vom 17. II. 1341 für Amiens liegt homicidium simplex vor: „si aliquis in callida melleya aut minis de verberando seu de malefaciendo, diffidationibus aut melleis inter ipsos seu amicos suos precedentibus, per alium occidatur, licet insidiis pensatis vel aliter incontinenti vel ex post facto, dum tamen in aperto et coram gentibus fiat, ille sit occisus; item si ad clamorem seu tumultum moto debato, sive de die sive de nocte, aliquis per alium incontinenti occidatur."[5]) Die communitas ville Ambianensis hatte noch einen dritten Fall hervorgehoben: „quantum-

---

Layettes n° 22. — Gr. coustumier norm. 68. — Bessin I, p. 81 (1137), p. 99 (1190). — Échiquier (1337) in Hist. du parl. de l. Norm. I, p. 154 bei Canel p. 112. — Échiquier (1376) in Mém. de la soc. d. Antiqu. norm. XVIII, p. 56 IIIe partie. — Lobineau (1313) I, 298; (1406) I, 510. — Morice I, 59 (1384). — Argentré 144 D. — Laval (1398) bei Ursinus p. 138. — Livre des Droiz 251, 252, 322. — Jérusalem HC. Jean d'Ibelin ch. 87, 88, p. 139 ff.; Philippe de Navarre ch. 13, p. 486; Clef des Assisses ch. 114, p. 588; Jacques d'Ibelin ch. 16, p. 459; Geoffroy le Tort ch. 25, p. 441. — Antioche HC. p. 32. Bourgeois 62. — Aubr. — Gui. — Mac. — Huon. — Gayd. — Par. Duch. — Doon. — Ren. — Viol. — Godfr. R. — Ch. cgn. R. — B. Seb.

[1]) Olim II, p. 403 XIII (1296). — Olim III, 592 V (1313); vgl. unten § 20 III b.

[2]) Et. I, 27. — BBF. 1366. — Livre des Droiz 251, 252. — Abrégé champ. 128, 133.

[3]) Beaumont (1182) art. 18. — Beaumont-sur-Oise (1222) Ord. XII, 308. Jost. et Plet p. 282 u. 289. — BBF. 1307. — Amiens (1249) art. 49 bei Thierry I, p. 134. — Gr. coust. norm. 70. — Jérusalem HC., Jean d'Ibelin ch. 81, p. 129, ch. 93, p. 151 ff.

[4]) Beaum. 828.

[5]) Bei Thierry I, p. 482 n° 188.

cumque aliquis occiditur per alium sine proditione, et maxime si non fiat de nocte."[1])

Auch wenn sich jemand darauf berief, daß er vom Gegner angegriffen worden sei und denselben in Notwehr getötet habe, war der kämpfliche Beweis zulässig.[2])

IV. Zahlreich sind die Quellen, die den Beweis durch gages de bataille beim Verrat zulassen, und hier blieb er auch in der späteren Zeit noch lange in Übung.[3]) Beaumanoir definiert den Verrat wie folgt: „Traïsons si est quant l'en ne moustre pas semblant de haine et l'en het mortelement si que, par la haine l'en tue ou fet tuer, ou bat ou fet batre dusques a afoleure celui qu'il het par traïson."[4]) Zu bemerken ist jedoch, daß in den weniger schweren Fällen die Zustimmung beider Parteien zum Kampf nötig war und das Gericht ihn nicht von sich aus auf den Antrag einer Partei hin anordnen konnte.[5])

---

[1]) Bei Thierry I, p. 481 n° 188.

[2]) Beaumont (1182) art. 18 — Valenciennes (1465) bei De Croos p. 204.

[3]) Amiens (1249) art. 49 bei Thierry I, p. 134. — Artois 43, 1 u. 40, 3 u. 6. — Fontaines XXII, 11. — Amiens (1315) art. 25 in Ord. I, 567. — Beaumont-sur-Oise (1223) in Ord. XII, 308. — Jost. et Plet p. 290. — Et. II, 35. — Usage Orlén 35. — BBF. 1303. — Abrégé Champ. 135. — Ancien Bourg. 27. — Livre des Droiz 251, 322. — Languedoc II, 494 (1162). — For de Morlaas rubr. 28 art. 66 p. 129. — Gr. coust. norm. ch. 73. — Benoit 12009ff. — Rouen (1047) bei Canel p. 71. — Dieppe (1208) in Cart. norm. n° 167 bei Canel p. 94. — Franc de Bruges (1330) n° 18. — Leenboek van der mannen van Vlaendren (circa 1350) in Bourg de Bruges p. 231 art. 65. — Languedoc III, 216 (1211); III, 234 (1212); IV, 68 (1293). — Olim I, 468 IV (1260). — S. Germain des Prés (1273) bei Tanon, Églises p. 25. — Chron. an. par. art. 16 (1317), art. 28 (1318), art. 29 (1318), art. 55 (1320), art. 56 (1320), art. 68 (1321), art. 83 (1322), art. 201 (1330). — Ord. 1306 in Rec. II, 831. — Coll. Lamoignon. Reg. crim. vol. 324 p. 794 (1343) bei Ducoudray p. 401. — Arras (1430) in Monstrelet bei Le Glay, Arch. d. N. I, p. 84. — Morice I, p. 1130 (1298). — Jérusalem HC. Jean d'Ibelin ch. 81, p. 129, ch. 97, p. 158ff. Philippe de Navarre ch. 14, p. 487. Clef ch. 121, p. 588. — Rol. — A. Am. — Ch. lyon. — Viol. — Roncev. — C. Poit. — Cléom. — Godfr. R.

[4]) Beaum. 826; diese Definition paßt jedoch nicht auf alle Fälle des Delikts, da ich aber hier nicht von der traïson apparente ex professo handle, verweise ich auf Jérusalem HC. p. 129, 151—158, 485. — Et. II, 35. — Usage Orlén 35.

[5]) Jérusalem HC. Jean d'Ibelin ch. 95 u. 96, p. 155ff. Philippe de Navarre ch. 14, p. 487.

V. Auch der Beweis der Notzucht konnte durch Zweikampf, jedoch nur, falls die Verletzte eine verheiratete Frau oder Witwe war, erbracht werden.[1]) Das Delikt wird in den Quellen rapt,[2]) forsage genannt, Jostice et Plet definiert es als gesir à feme à force.[3])

Anders wurde der Beweis geführt, falls es sich um eine Jungfrau handelte; so fand nach der lex reg. majestatem l 4 c. 8 ein Augenschein durch Männer statt,[4]) nach den Établissements et coutumes ein solcher durch preudes femmes et léaux.[5]) Der Beschuldigte konnte sich, falls die veue zu seinen Ungunsten ausfiel, durch die Wasserprobe reinigen;[6]) schlug letztere zu seinem Nachteil aus, so hatte er immer noch zwei Möglichkeiten, von der Strafe verschont zu bleiben: a) die Verletzte konnte in eine Heirat mit ihm einwilligen; oder b) sie hatte conceu enfaunt en le mesme temps; im letzteren Falle fand nach Britton eine Verurteilung nicht statt, pour ces que nule feme ne poit concyver, si elle ne se assente.[7])

Ein ähnliches Verfahren scheint sich im späteren Rechte von Anjou und Poitou ausgebildet zu haben;[8]) hier war es allerdings für verheiratete Frauen in Übung.

---

[1]) Abbeville (1183), Amiens (1190, 1209, 1225) in Ord. XI, p. 266. — Amiens (1249) art. 49 bei Thierry I, p. 134. — Amiens (1315) Ord. I, 567 art. 25. — Étampes (1179) in Ord. XI, 212. — Beaumont-sur-Oise (1223) in Ord. XII, p. 308. — Jost. et Plet p. 290. — BBB. 177. — T.-A. 165. — Et. I, 175. — Abrégé Champ. 127, 133. — Beaum. 926. — Gallus qu. 85. — S. Germain-des-Prés (1280) in Tanon, Églises p. 27. — Bouteiller 748a. — Coll. Lamoignon Reg. crim. vol. 326, p. 3075, 3107 (1386) bei Ducoudray p. 404. — Livre des Droiz 335 — nicht aber in Artois 47, 8, wegen der Möglichkeit der Straflosigkeit des Gegners. — Gr. coutumier norm. ch. 66. — Houard I, p. 267, sect. 190. — Ord. I. p. 561 (1315).

[2]) Vgl. z. B. S. Amand en Pevèle (1269) in Layettes n° 5515 und Amiens (1315) in Ord. I, 367 art. 25; es unterliegt nach diesen Quellen, die sich beliebig vermehren lassen, keinem Zweifel, daß unter rapt Notzucht und nicht etwa Raub zu verstehen ist.

[3]) Jost. et Plet p. 290.

[4]) Houard I, p. 267 ff.

[5]) Établ. norm. bei Canel p. 36.

[6]) cf. Canel p. 36.

[7]) cf. Britton ch. XXIII bei Canel p. 36. — wohl aber konnte dann wegen méhaing gefordert werden. cf. Houard I, p. 586.

[8]) BBF. 1302, 1366. — Livre des Droiz 335; nach letzterer Quelle kann aber der Beweis auch durch Augenzeugen geführt werden.

VI. Bei Päderastie wurde noch in späterer Zeit der Beweis durch Kampf geführt.[1])

VII. Beim Raub war ebenfalls der kämpfliche Beweis zulässig;[2]) roberie liegt vor, quant aucuns agarde par tolir les choses à aucun marchant, ou antrer en aucune meson de nuiz à force et sanz force, par porter en les choses de l'ostel.[3])

VIII. Der Kampf fand ferner Anwendung zum Beweise des Diebstahls; er war jedoch in besonders leichten Fällen ausgeschlossen,[4]) insbesondere, wenn der Wert der entwendeten Sachen unter der bürgerlich-rechtlichen Zulässigkeitswertgrenze lag.[5]) Im allgemeinen ist dies Beweismittel gerade für den Diebstahl relativ häufig erwähnt,[6]) so daß es befremdlich erscheint, wenn hervorragende Schriftsteller[7]) behaupten, die königliche Urkunde für Amiens von 1315[8]) setze sich durch

---

[1]) Gouët d'Arc, Pièces relatives au règne de Charles V in Soc. d. l'hist. de France, t. III, p. 133 LXVIII (1388) bei Ducoudray p. 405.

[2]) Amiens (1315) art. 25 in Ord. I, 567 — nicht in Artois 47, 8 wegen eventueller Straflosigkeit des Täters. — Jost. et Plet p. 292. — Livre des Droiz 339. — Cart. de S. Victor de Marseille n° 156 (XI). — Gr. coust. norm. ch. 71. — Antioche HC. ch. IX, p. 26. — Jérusalem HC. Jean d'Ibelin ch. 104, p. 174. — Rol. — A. Am. — Ch. lyon. — Viol. — Roncev. — C. Poit. — Cléom. — Godfr. R. — Ord. I, p. 561 (1315).

[3]) Jost. et Plet p. 292, X. — Vgl. Livre des Droiz 251, 252.

[4]) Livre des Droiz 580, 347.

[5]) Vgl. oben § 1, VIII, p. 8; auch lex Bajuv. IX, 2 u. X, 4 in M. G. fol. leg. III, 303, 308.

[6]) Laon (Anf. XII) in Guibert, de vita sua libr. III, cap. 16 u. 18 bei Pécheur II, p. 196. — Étampes (1179) in Ord. XI, 212. — Et. II, 35. — Usage Orlén. 35. — Ancien Bourg. 24. — Amiens (1249) art. 49 bei Thierry I, p. 134. — Jost. et Plet p. 287, 296; vgl. auch p. 165. — Abrégé Champ. 127 u. 133. — Artois 43, 1. — Livre des Droiz 322. — Amiens (1315) art. 25 in Ord. I, p. 567. — Pontailler (1257) bei Garnier II, p. 299. — Talmond (1100) n° 61 in Cart. de Talmond. — S. Germain-des-Prés (1273) bei Tanon, Églises p. 26. — S. Benoist, Paris (1292) bei Viollet III, 311. — Stilles de Bourg 55. — Gr. coustumier norm. bei Canel p. 30. — Échiquier norm. in Établ. norm. p. 166 (1235) vgl. Canel 98. — Vgl. auch Ord. 1260 n° 5 in Rec. I. 587.

[7]) Brussel p. 986. — Laurière in Ord. I, 567. — Loisel 6, I, 20. — Hélie. Proc. § 65, p. 333 u. p. 513. — Die richtige Ansicht findet sich bei Canel p. 108 und Pasquier p. 322 A.

[8]) Ord. I, 561 (15. Mai 1315).

die Zulassung des Kampfes bei larrecin in Widerspruch zum altfranzösischen Gewohnheitsrecht; sie bestätigt vielmehr nur den Rechtszustand, der vor der ordonnance von 1306[1]) bestanden hatte.

Der Zweikampf war außerdem auch beim Anefang zulässig, so daß es wenig darauf ankam, ob eine bürgerlich-rechtliche oder eine strafrechtliche Klage erhoben wurde, wenigstens insoweit, als die Art des Beweismittels in Frage kam.[2])

IX. Die Brandstiftung konnte ebenfalls durch Kampf be wiesen werden.[3])

X. Der Beweis der trives fraictes[4]) oder trives enfraintes,[5]) ferner der des asseurement brisie[6]) fand ebenfalls durch kämpflichen Gruß statt.

XI. Beim Beweise des méhaing (schwerer Körperverletzung) findet sich ebenfalls der Kampf.[7])

XII. Nach dem normannischen Recht wurde auch der Beweis des assault durch Kampf geführt.[8])

XIII. Vielfach lassen die Quellen die gages de bataille bei melleia oder bataille zu.[9])

XIV. Auch bei leichteren Körperverletzungen, wie blutenden

---

[1]) Erst die ordonnance von 1306 beschränkte den Kampf auf 4 Kapitalverbrechen und schloß ihn u. a. für den Diebstahl aus, während er in der ordonnance von 1260 noch im Artikel 5 (Rec. I, 587) als bis dahin bestehendes Recht behandelt wird.

[2]) Jost. et Plet p. 309. — BBC. 92. — BBB. 100. — T.-A. 84. — Et. I, 95. —

[3]) Jost. et Plet p. 306. — Abrégé Champ. 126, 133. — Bouteiller 748a. — Boutaric 2269A (1280.) — Livre des Droiz 823. — unzulässig in Artois 47,8 wegen eventueller Straflosigkeit des Täters.

[4]) Gr. coust. norm. ch. 72 u. 76. — Canel p. 35.

[5]) Beaum. 1746.

[6]) Châtelet ch. 32.

[7]) Laon (1189), Layettes nº 358. — Jost. et Plet p. 291. — Gr. coust. norm. bei Canel p. 33. — Échiquier (1213) bei Bessin I, p. 210. — Échiquier (1235) in Établ. norm. p. 66.

[8]) Gr. coust. norm. ch. 75. — Canel. p. 34. — Houard I, p. 586.

[9]) Pontorson (1366) in Ord. IV, p. 638. — Abrégé Champ. 136. — Ancien Bourg. 30.

Wunden,[1]) nicht aber schon, wenn Blut aus dem Mund oder der Nase fließt, ebensowenig bei einem bloßen Schlag mit der Hand oder Faust[2]) findet kämpflicher Beweis statt.

XV. Bei tricherie und bei Messen mit falschem Maß läßt Jostice et Plet ebenfalls den Kampf zu.[3])

XVI. Bei peceure (Sachbeschädigung) und force läßt Jostice et Plet auch den Beweis durch gages de bataille führen, sofern der Wert der beschädigten Sache nicht unter der bürgerrechtlichen Wertgrenze bleibt.[4])

XVII. Endlich konnte bei Beleidigung der Beweis durch Kampf erbracht werden.[5])

---

1) Jost. et Plet p. 292, XII. — N.-D. (1269) bei Guérard III, 433 Antioche B. p. 60.

2) Jost. et Plet p. 292, XII u. p. 296, XVI. —

3) Jost. et Plet p. 109 u. 146; beide Delikte sind jedoch bürgerlich rechtlich konstruiert; auch muß die Wertgrenze beachtet werden. — Vgl. Beaum. 993.

4) Stilles Bourg. 53. — Jost. et Plet p. 299, XXII u. XXIV.

5) Jost. et Plet p. 296, XXI. — Châtelet 38. — Montargis (1170, 1320, 1537) in Ord. XI, p. 472 läßt den Kampf hier nicht zu; ebenso Coll. Lamoignon Reg. crim vol. 324 p. 575 (1341) vgl. Ducoudray p. 401; — wohl aber Rouen (1044 oder 1047) bei Canel p. 70/71. — Olim II, 131, IV (1279), II, 485. VI (1306) Olim III[a] p. 679, XLV (1312) = Boutaric n° 3965. — D'Argentré 335 B (1359). — Gr. Chron. VI, 6 f. (1353) Paulin (nota 3) meint irrtümlich dies sei der erste Fall.

Zweites Kapitel.

Die persönlichen Voraussetzungen des Kampfrechts-Verhältnisses.

A. Die Rechtsfähigkeit (Prozeßfähigkeit).

§ 3.

1. Die Freiheit.

I. Für unsere Zwecke können wir von einer gesonderten Betrachtung der einzelnen Klassen von Unfreien absehen, die das französische Recht ebenso wie das deutsche Recht kennt; denn sie werden im Kampfrecht durchaus gleich behandelt. Wir unterscheiden dieselben daher nur von den beiden freien Ständen, den gentius hommes und den frans hommes de prosté.[1])

II. Der freie Mann braucht die Herausforderung eines sers nicht anzunehmen;[2]) die Gründe dafür gibt Beaumanoir zutreffend dahin an: qu'il ne loit pas a serf combatre soi a franche personne und que li sires du serf le pourroit oster de la court en quel estat qu'il le trouvast, et fust ainsi qu'il eust ja l'escu et le baston pour combatre.[3])

III. Der Gerichtsherr oder eine Partei hat nicht das Recht, einem freien Mann einen serviens als Kämpfen gegenüberzustellen; benennt er trotzdem bei der Klagerhebung einen Unfreien als seinen Kämpfen, so hat der Freie nach der consuetudo Noviomensis das Recht, sacramento se purgare.[4])

---

[1]) Cf. Beaum. 1451 u. 1412.

[2]) Beaum. 1209, 1799. — Brussel p. 968. — Jérusalem H. C. p. 501, 443, 114.

[3]) Beaum. 1799.

[4]) Noyon (1181) in Layettes n° 307.

IV. Im Freiheitsprozeß hat der als Eigenmann Beanspruchte das Recht, den Kampf zu verweigern, wenn ihm nicht ein Freier als Kämpfe gegenübertritt.[1])

V. Wohl aber war es zulässig, im Prozeß um das Eigentum an einem serf, diesen gegen einen andern serf kämpfen zu lassen.[2])

VI. Dem serf war der bastard gleichgestellt.[3])

VII. Zu Beginn des zwölften Jahrhunderts wurden diese Grundsätze durch eine Reihe von königlichen Privilegien für verschiedene Kapitel und Klöster durchbrochen.[4]) In denselben werden die serfs zum Zeugnis und gerichtlichen Zweikampf gegen Freie zugelassen; bei Weigerung eines Freien, sich mit einem Unfreien in einen Kampf einzulassen, traten dann die ordentlichen Ungehorsamsfolgen: Verlust des Prozesses und der Klagfähigkeit, ein. Die Folge war eine Hebung des Ansehens der servi ecclesiae; der Grund der Verleihung des jus bellandi et testificandi scheint mir aber der zu sein, der Kirche eine größere Freiheit in der Auswahl ihrer Kämpfen, insbesondere auch die Ausbildung berufsmäßiger campiones aus der Zahl ihrer Eigenleute zu ermöglichen.

§ 4.

2. Die Volksgemeinschaft.

Wie die meisten Völker haben auch die Germanen eine gewisse Abneigung gegen volksfremde Leute; sie werden nicht als gleichberechtigt behandelt und demgemäß unter anderem auch nicht zum kämpflichen Gruß verstattet.

I. Nach den Assisses de Jérusalem sind toutes les gens qui ne sont de la ley de Rome unfähig, de porter garantie en-

---

1) Jubainville I p. 143—145.

2) Fleury (1136) in Hist. VI, 484 vgl. Tanon Églises p. 16.

3) Boutaric 824* (1292) für Soissons.

4) N.-D. de Paris (1108) in Tardif. Mon. n° 334 = Guérard I, p. 247. — S. Geneviève (1109) in Tardif, Mon. n° 341. — Erzbischof v. Paris (1110) in Tardif. Mon. n° 345. — S. Martin-des-Champs (111) in Tardif, Mon. n° 346. — S. Maur (1118) in Tardif, Mon. n° 371 = Ord. I, p. 3 u. 4. — N.-D. de Chartres (1128) in Ord. I, p. 5.

contre Frans, demgemäß auch vom Kampf ausgeschlossen; immerhin können Griechen und Syrer aber des gens de leur lei fordern.[1])

II. Dieselben Grundsätze gelten in Frankreich für Juden und Lombarden. Die Juden konnten nicht als Zeugen gegen die Christen auftreten, demgemäß konnte ihr Zeugnis auch nicht gescholten werden;[2]) wohl aber konnte der Jude seinen Volksgenossen fordern,[3]) wie aus einem Urteil aus dem Jahre 1207 hervorgeht: „Judicatum est", heißt es dort, „quod Calot judaeus poterat sequi Abraham judeum per duellum de assauto de kemino". Auch nach Beaumanoir war diese Verfahrensart für Prozesse der Juden unter sich zulässig; die Juden waren zu hören und ihr Vorbringen en la maniere que nous avons dit des crestiens zu prüfen und dann zu verfahren, selonc ce que la besoigne le requiert; es findet sich hier keine Einschränkung bezüglich des Kampfprozesses; Beaumanoir sagt vielmehr an einer andern Stelle, wo er auseinandersetzt, daß die Juden nicht die crestiens als Zeugen benennen dürfen, deutlich genug das Gegenteil: „se ples est", führt er aus, „de Juis l'uns contre l'autre et li ples chiet en prueve, li Juis qui a a prouver puet prouver par autres Juis, car il n'est pas acoustumé, ne nous ne le devons pas vouloir, qu'il apelent crestiens pour leur mauveses convenances ne pour leur mauvès marchiés.[4]) Damit ist doch gesagt, daß die Juden gegen ihre Volksgenossen den Beweis auch durch Kampf erbringen dürfen.

Nun hat aber offenbar den crestiens das Recht zugestanden, einen Juden zu fordern; ein derartiger Kampf fand im Jahre 1198 in der Normandie statt, dabei mußte der Jude Dex le

---

[1]) Jérusalem HC. Philippe de Navarre ch. 28, p. 501. Geoffroy le Tort. ch. 32, p. 443, Jean d'Ibelin ch. 71, p. 114.

[2]) Beaum. 1206.

[3]) Falaise (1207) in Établ. norm. p. 114. — Canel p. 93 meint, dieses Urteil bedeute eine Neuerung, hierfür finden sich aber keine Belege; aus den Assisses de Jér. geht vielmehr hervor, daß der Kampfprozeß nicht absolut den Germanen vorbehalten war. Glasson IV, p. 532 nota 5 geht aber zu weit, wenn er unter Bezugnahme auf dieses Urteil sagt, die Juden seien überhaupt und absolut kampffähig gewesen.

[4]) Beaum. 1206.

bénie aus Laigle für den Vergleich die exorbitante Summe von 400 Pfund bezahlen.[1]) Es kann daher nur als ein Akt ausgleichender Gerechtigkeit angesehen werden, wenn Philipp der Lange im Jahre 1317 verfügt, daß kein Jude von jemandem zum Kampfe gefordert werden darf, abgesehen von der Klage wegen meurtre apparant.[2]) Im Jahre 1360 verbietet Johann der Erste jede Herausforderung eines Juden; ein gleiches Privileg erläßt dann Karl der Fünfte im Jahre 1372.[3])

Ähnlich sind die Rechtsverhältnisse der Lombarden; im Jahre 1320 stand vor dem Parlament ein Termin an in einer Kampfsache zwischen zwei Lombarden aus Sienna;[4]) aber auch die Lombarden werden bald von der Kampfpflicht entbunden, teils absolut,[5]) teils dispositiv;[6]) die Lombardenprivilegien unterscheiden sich aber insofern von den Judenprivilegien, als sie nur für bestimmte Personen und für bestimmte Orte und auf im voraus bestimmte Zeit erlassen sind. Eine Erklärung findet dies wohl darin, daß die Lombarden ein Heimatland hatten, nach dem sie über kurz oder lang wieder zurückkehrten, was bei den Juden ja nicht der Fall war, und daß sie nur vereinzelt in Frankreich sich niederließen.

§ 5.

3. Die Friedensgemeinschaft.

Nur wer im vollen Frieden steht, besitzt die volle Rechtsfähigkeit. Aus diesem gemeingermanischen Rechtsprinzip ergaben sich auch eine Reihe von Folgerungen für das Kampfrecht.

I. Wer den Feinden seiner Volksgenossen Dienste leistet, setzt sich selbst aus dem Frieden und wird damit unfähig zum

---

[1]) Mém. d. l. soc. des Antiqu. norm. t. XVI, Ire part p. 11 col. 2.

[2]) Ord. touchant les Juif du Roy (1317) in Ord. I, 646 n° 1.

[3]) Ord. III, p. 479 n° 22 (1360) = ord. V, p. 495 n° 22 (1372).

[4]) Boutaric n° 6391 (1320).

[5]) Troyes (1380) in Ord. VI, p. 481 art. 22. — Ord. XV, p. 253 art. 25 (1429, 1442, 1461).

[6]) Paris (1382) in Ord. VI, p. 656 art. 17.

kämpflichen Gruß: Ciaus qui ont servi Sarrazins ou autres mescreanz as armes contre Crestiens, plus d'an et un jour können nicht porter garantie en la Haute Cour und sind demgemäß vom Kampfrecht ausgeschlossen.[1]) Nach einigen werden die Latins qui servent les Grés contre les Frans ebenso behandelt.[2]) Im normannischen Recht ist cely qui ad le royalme forjuré nicht mehr receyvable en appels.[3])

II. Die durch Urteil des Gerichtsfriedens Beraubten sind ebenfalls vom Kampfrecht ausgeschlossen; hierher gehören die forjugiés, die forbannis, die parjures, die champions vencuz und die, qui sont feimentié.[4])

III. Unter den Gesichtspunkt mangelnder Friedensgemeinschaft fällt auch die Bestimmung mancher Stadtrechte, nach denen ein Bürger nur von einem Bürger gefordert werden kann,[5]) und ein Mietskämpfe in Streitigkeiten von Bürgern unzulässig ist.[6])

IV. Außerdem sind alle, die nicht im kirchlichen Frieden stehen, des Kampfrechts bar: toz ciaus qui ont renéié Dieu, toutes les genz qui ne sont de la ley de Rome.[7]) Auch der Exkommunizierte stand außerhalb des Friedens;[8]) aber nach einem Urteil des Échiquier von 1234 sollte der am Kampftage im Bann befindlichen Partei eine Frist zur Wiedererlangung des kirchlichen Friedens gewährt werden, damit sie die Sache nicht infolge ihrer Exkommunikation verliere.[9])

---

[1]) Jérusalem HC. Geoffroy, le Tort. ch. 32 p. 443, Philippe de Navarre ch. 28 p. 501

[2]) Jérusalem HC. Philippe de Navarre ch. 28 p. 502.

[3]) Britton bei Canel p. 50 nota 1.

[4]) Jérusalem HC. Jean d'Ibelin ch. 71 p. 114, Geoffroy, le Tort, ch. 32 p. 443, Philippe de Navarre ch. 28 p. 501.

[5]) Vgl. z. B. Vaisly (1185) = Crespy en Valois (1215) in Ord. XI, 306 art. 19 u. 25.

[6]) Z. B. Amiens (1190, 1209, 1225) Ord. XI, p. 266 art. 17.

[7]) Jérusalem HC. Jean d'Ibelin ch. 71 p. 114; Geoffroy, le Tort, ch. 32 p. 443, Phil. de Navarre ch. 28 p. 502.

[8]) Livre des Droiz 72.

[9]) Échiquier (1234) in Établ. norm. p. 166. — Gr. coust. norm. 62. — Canel p. 98.

§ 6.

4. Die Verwandtschaft.

I. Es liegt in der Natur des kämpflichen Verfahrens begründet, daß seiner Zulassung unter Verwandten gewisse Schranken gezogen waren.

a) Gänzlich ausgeschlossen war der Kampf zwischen Vater und Sohn.[1])

b) Zwischen Brüdern war der Kampf unzulässig nach den Assisses de Jérusalem,[2]) erlaubt nach T.-A. bei meurtre, traïson und rapt,[3]) nach andern nur bei meurtre und traïson,[4]) nach BBC. endlich bei meurtre ou autre cas criminel;[5]) in bürgerlichrechtlichen Sachen stand es im Belieben der Parteien, ob sie auf kämpflichen Beweis abstellen wollten; entschieden sie sich dafür, so kam die Sache durch Kämpfen zum Austrag.[6])

c) Zulässig war der Kampf unter entfernteren Verwandten, gleichgültig, ob sie in eigener Sache oder für andere auftraten.[7])

II. Noch in anderer Hinsicht ist aber die Verwandtschaft im Kampfrecht von Bedeutung.

Nur ein naher Verwandter, der älteste Sohn[8]) oder der plus prochain du lignage[9]) konnte als Vertreter einer am Erscheinen an Gerichtsstelle behinderten Partei auftreten; besondere Bedeutung gewinnt diese Vorschrift für den Fall des Todes einer Partei, wo der Kampfprozeß durch die nächsten Erben übernommen werden konnte.[10]) Ihre häufigste Anwen-

---

1) Jérusalem HC. Jean d'Ibelin ch. 109 p. 179, Clef. ch. 137 p. 589.

2) Jérusalem HC. Jean d'Ibelin ch. 109 p. 179, Clef. ch. 137 p. 589.

3) T.-A. 164.

4) BBB. 176. — Et. I, 174. — BBF. 1305. — Livre des Droiz 356.

5) BBC. 165. — Vgl. auch Olim II, p. 403 XIII (1296).

6) BBB. 176. — T.-A. 164. — Et. I, 174. — Livre des Droiz 356. — BBC. 165. — BBF. 1305. — Beaulieu (960) in cart de Beaulieu p. 85 = Proost p. 82 = Spicilegium d'Achéry t. III p. 376.

7) Franc aleu p. 263 nach cart. S. Aubin d'Angers, tit. de curte Varena art. 18 (sine dato).

8) BBC. 111.

9) Gr. coust. norm. 70.

10) Champagne (1212) in Layettes n° 1031. — Picardie (1322) p. 13.

dung findet diese Bestimmung bei der Klage wegen meurtre,[1]) wo das Recht der Klage auch der Ehefrau zustand.[2]) Aus diesem Prinzip erklärt sich auch die Übernahme des Kampfes durch Begon für seinen Bruder Garin, der bereits sein Pfand gegeben hatte, dessen Bürgen aber vom König abgelehnt wurden, weil sie seine Lehensleute waren.[3])

§ 7.

5. Der Stand.

I. Wenn auch grundsätzlich kein Stand vom Kampfrecht ausgeschlossen war, so ist doch der Stand nicht ohne Einfluß auf die Stellung der Parteien im Kampfrecht.

II. Prinzipiell muß jeder freie Mann, welchen Standes er auch sei, die Herausforderung eines freien Mannes annehmen. Dieser Grundsatz wird aber zugunsten des hohen Adels und des Klerus durchbrochen.

a) Der oberste Gerichtsherr selbst kann nicht gefordert werden;[4]) er kann aber auch nicht in Person fordern, findet sich kein Kampfstellvertreter, der die Klage für ihn übernimmt, so kann er kämpfliche Klagen nicht durchführen.[5])

b) Zugunsten königlicher Prinzen bestimmt Jost. et Plet, daß sie sich auch in Strafsachen stets einen Kampfstellvertreter bestellen konnten; dieser Vertreter mußte aber eine honeste persone sein;[6]) nach Beaumanoir galt dies Privileg nicht, falls ein fius de roi son homme wegen murtre oder traïson anklagte.[7]) Den Prinzen stellt Jost. et Plet die contes gleich.[8])

---

[1]) Jost. et Plet p. 289 III. — Gallus qu. 89. — Quesnay (1405) in Le Glay, Arch. d. N. t. IV p. 484. — Gr. coust. norm. ch. 69 u. 70. — Jérusalem HC. Jean d'Ibelin ch. 82 p. 130. — Boutaric II, p. 314 n° 6046 (1319).

[2]) Jost. et Plet p. 289 III. — Jérusalem HC. Jean d'Ibelin ch. 82 p. 130.

[3]) Gar. Loh. II p. $27_{,13}$ff. — Vgl. Pfeffer p. 24 u. 25.

[4]) Godfr. R. 10024.

[5]) Rol. 3750. — Roncev. 423. — Gayd. 543. — Huon. — Graf Blois contra Louis VI. (nach 1111) in Suger, Vita Ludovici c. XVIII éd. Lecoy p. 76 bei Prou, Lovris p. 188, hier läßt sich der König durch seinen Seneschall vertreten.

[6]) Jost. et Plet p. 102.

[7]) Beaum. 36.

[8]) Jost. et Plet p. 102.

c) Während nach gemeinfranzösischem Recht bei Klagen wegen Mord und Verrat die Parteien ausnahmlos bis zum Austrag der Sache in Haft genommen wurden, ist es den princes et nobles gestattet, de faire recréance, d. h. nach Hingabe der gages sich durch Stellung von Bürgen von der Haft zu befreien.[1])

d) Es bleibt aber den Prinzen und Grafen unbenommen, ohne Rechtsnachteil gegen Adelige persönlich zu kämpfen.[2])

e) Die Kleriker waren prinzipiell vom persönlichen Kampfe befreit; von der Anklage wegen eines Verbrechens reinigten sie sich durch judicium ferri;[3]) während Jean d'Ibelin weder persönlichen Kampf noch Kampf durch Stellvertreter zuläßt,[4]) scheint sich der Klerus in Frankreich doch gelegentlich dieses Beweismittels bedient zu haben, und zwar sowohl persönlich[5]) als durch Stellvertreter,[6]) die der Kleriker, falls er als Kleriker lebte, jederzeit bestellen konnte. In Zivilsachen, wo die Kampfstellvertretung allgemein zulässig war, hat sich ja auch die Kirche häufig des kämpflichen Beweises bedient.[7]) Nach Livre des Droiz unterstand der tonsurierte und der nicht verheiratete Kleriker dem geistlichen Gericht; der clerc marié hatte dagegen in persönlichen Klagen seinen Gerichtsstand vor dem weltlichen

---

1) Artois 42, 3 u. 4. — Nach Beaum. 1585 u. 1658 ist dies übrigens allgemein zulässig in der Grafschaft Clermont.

2) Languedoc II, 494 (1162) art. 5. — Peter v. Aragonien contra Karl von Anjou in Saba Malaspina X, 10 (1283).

3) S. Aubin d'Angers (1056) in Hist. 6, 429.

4) Jérusalem HC. Jean d'Ibelin ch. 160 p. 244.

5) Statuta conc. Lillebonensis (1080) art. 19 in Layettes n° 23. — Innocentius IV. Archiepiscopo Senonensi (23. VII. 1252) in Varin. R. administratif. I² p. 586 n° 146. — Livre des Droiz 363. — Gallus qu. 85.

6) Olim II, p. 485 VI (1306).

7) Fleury contra St. Denis (834) in Hist. VI, 313. — Beaulieu (968) in Hist. VIII, 67. — Marmoutier (1044) in Cart. de Marmoutier p. XXVII. — Talmond (1095, 1092/1129) cart. de Talmond n° 59 u. 108. — Dijon, St. Stephan (1090/5) in Petit, Bourgogne I, 253. — S. Père de Chartres (circa 1070) in Cart. d. S. Père de Chartres I p. 160 n° 33. — S. Pierre de Bourgueil contra S. Aubin d'Angers (1082) in Hist. XIV, p. 118. — S. Denis de Nogent (1100, 1100/1120) in Cart. S. Dionysii de Nogento n° 19 u. 53. — Lézar (1048) in Languedoe II, pr. 215.

Gericht, der ordinarius konnte aber jede Sache an sich ziehen. Es stand nun im Ermessen des clerc, ob er sich auf einen kämpflichen Beweis einlassen wollte, kämpfte er aber ohne bischöflichen Dispens, der in peinlichen Sachen unzulässig war, so zog dies depesement de droit nach sich.[1])

Seit dem Beginn des dreizehnten Jahrhunderts verschwinden die Fälle, in denen Kleriker sich auf ein kämpfliches Verfahren einlassen, immer mehr; es ist dies eine Folge des Erstarkens der kirchlichen Gerichtsbarkeit in Frankreich.[2]) Am Ende des dreizehnten Jahrhunderts ist die Entwicklung so weit vorgeschritten, daß der Kampfprozeß, wo die eine Partei Kleriker ist, unmöglich und unzulässig ist, weil der nach geistlichem Recht lebende Geistliche nicht mehr auf sein Privileg verzichten darf.[3])

Ein Unterschied zwischen Weltgeistlichen und Mönchen wird im Kampfrecht nicht gemacht.[4])

Dem Klerus werden in Kampfsachen die Kreuzfahrer gleichgestellt.[5])

III. Während in der Zeit der Volksrechte noch jeder Freie gegen jeden andern Freien dieselben Rechte im Prozeß hatte, so beginnen sich doch in nachkarolingischer Zeit mannigfache Unterschiede herauszubilden; Beweismittel, die früher nur für die Unfreien in Übung waren, werden nunmehr für die Roture verwendet,[6]) die Kreuzzüge bringen mit dem Erstarken des Rittertums einen Unterschied in die Bewaffnung der Ritter und der vilains; dieser Unterschied überträgt sich dann auch auf den gerichtlichen Zweikampf; aber nicht nur eine Ungleichheit in der Bewaffnung tritt ein, sondern manche Quellen lassen nunmehr überhaupt den Kampf zwischen den beiden Klassen

---

[1]) Livre des Droiz 254, 821, 363. — Über die kirchliche Theorie vgl. Saplayrolles p. 89 u. 90.

[2]) BBB. 93. — T.-A. 77. — Et. I, 89. — Beaum. 1800, 1801.

[3]) Beaum. 993, 1800, 1801. — Parl. (22. III, 1336) bei Laurière, Glossaire p. 260. — Gallus qu. 76. — Coll. S. Geneviève Reg. Ff. 13 t. I f° 350 (1380) bei Ducondray p. 403.

[4]) Vgl. z. B. Jérusalem, Jean d'Ibelin ch. 160 p. 244.

[5]) Échiquier (1218) in Établ. norm. p. 133. — Canel p. 95. — BBB. 93. — T.-A. 77. — Et. I, 89.

[6]) Jérusalem B. ch. 135. — Usatici 53, 112.

von Freien nicht mehr zu.[1]) Nach den Assisses de Jérusalem kann kein sergent und kein borgois ne nul autre home en aval apeler chevalier, se il s'en seit deffendre;[2]) eine Ausnahme besteht nur für den Fall des murtre apparant, hier kann er den Ritter fordern, und beide kämpfen dann zu Fuß.[3]) Zur Schelte des ritterlichen Zeugen wird der sergent aber jederzeit verstattet, und in diesem Falle darf er wie der Ritter kämpfen.[4]) Der Ritter kann dagegen in jeder Sache den sergent fordern, er muß dann allerdings stets zu Fuß kämpfen.[4]) Niemals darf aber der borgois persönlich gegen den Ritter kämpfen; er muß vielmehr den Beweis durch 2 Ritter oder 2 leaus borgois führen, oder aber durch einen ritterlichen Kampfstellvertreter.[5])

Nach dem coutumier d'Artois konnte der von einem vilain geforderte Ritter, abgesehen vom Fall des Verrats und der Zeugenschelte,[6]) den Kampf stets ablehnen oder aber im Falle der Annahme sich stets durch einen avoué vertreten lassen oder auch durch einen champion;[7]) ersterer kämpfte zu Pferde, letzterer zu Fuß.[8]) Forderte aber der Adelige einen vilain, so brauchte der Adelige zwar nicht persönlich zu kämpfen, er mußte sich aber durch einen vilain, der zu Fuß kämpfte, vertreten lassen.[9])

Nach der Ancienne coutume de Bourgogne konnte der vilain den chevalier de nul desloiautement fordern.[10])

Die französischen Quellen lassen jedoch in ihrer Mehrzahl den Kampf zwischen Ritter und vilain zu. Bei Streitigkeiten von Angehörigen der beiden Stände ist dann der Stand des

---

[1]) Ein Grundsatz, der im westgotischen Rechte von jeher bestand. Vgl. auch Usatici 45, 55. Dieses Prinzip findet sich auch im Sa. Sp. L. I, 51 § 4.

[2]) Jérusalem HC. Philippe de Navarre ch. 13 p. 486.

[3]) Jérusalem HC. Philippe de Navarre ch. 12 u. 13 p. 485 u. 486.

[4]) Jérusalem HC. Philippe de Navarre ch. 10 p. 483, Geoffroy, le Tort, ch. 24 p. 441.

[5]) Jérusalem HC. Livre au Roi ch. 41 p. 635/6.

[6]) Artois 40,7. — Vgl. Tardif, Procédure p. 95, der aber hierbei an ein besonderes Delikt denkt, es heißt aber ausdrücklich: „le leve comme faux et parjure", und kann sich daher nur um Zeugenschelte handeln.

[7]) Artois 40,7.

[8]) Artois 40,13.

[9]) Artois 40,11 u. 17.

[10]) Ancien. Bourg. ch. 5 § 1.

Geforderten für die Kampfesart insoweit maßgebend, als der Forderer, falls der Geforderte ein vilain ist, zu Fuß kämpft,[1]) falls er ein Ritter ist, zu Pferde kämpft,[2]) jedoch kann der vilain auch dann nach einer Reihe von Quellen zu Fuß kämpfen,[3]) nach andern muß er sogar stets zu Fuß kämpfen.[4])

Während aber der vilain nach den Établissements de S. Louis und dem Abrégé champénois nie faire jugement, ne fausser, ne contandre darf,[5]) gestatten ihm Fontaines und Beaumanoir sogar die Urteilschelte; diese findet bei Fontaines durch Kämpfen zu Fuß statt.[6])

Ein Privileg hat jedoch der baron oder gentilhome, der noch nicht Ritter ist; im Immobiliarprozeß kann er Aufschub um Jahr und Tag verlangen, um zwischenzeitig Ritter zu werden, und damit die ritterlichen Standesvorrechte zu erlangen.[7])

IV. Auch der Stand der vilains wird im Kampfrecht privilegiert; allerdings nicht in allen seinen Schichten. Den Beginn machen die Gilden in den flandrischen Städten.[8]) Diese Küre vom 4. April 1127 bestimmt in ihrem Paragraphen 8, daß omnes, qui ad guildam pertinent, vom Kampfe befreit sein sollen. Diese für jene Zeit außergewöhnliche Exemption lag im Wesen der damaligen Gildenpolitik begründet; freudig werden es die dadurch Privilegierten begrüßt haben, daß sie ihre Rechtsverhältnisse

---

[1]) Beaum. 1717. — Artois 40,13. — Jérusalem HC. Jean d'Ibelin ch. 108 p. 178, Geoffroy, le Tort, ch. 27 p. 442. — Aus diesen Bestimmungen entwickelt sich dann das Recht der Waffenwahl.

[2]) BBB. 91. — T.-A. 75 — Et. I, 87. — Beaum. 1715. — Ord. de Jean 16. — BBC. 84. — Ancien. Bourg. 29. — BBF. 1295. — Livre des Droiz 352.

[3]) BBB. 91. — T.-A. 75. — Et. I, 87.

[4]) Beaum. 1716. — Artois 40,7.

[5]) Abbrégé champ. 74. — Et. I, 142.

[6]) Beaum. 1759. — Fontaines XXII, 14.

[7]) Et. I, 142. — Abrégé champ. 74 unter hons ist in diesen Stellen, die daneben von gentil home sprechen, jedenfalls der home coustumiers zu verstehen.

[8]) S. Omer, Keure de 1127 § 8 bei Giry, S. Omer p. 188. Giry sagt mit Beziehung auf diese Stelle: „Le duel judiciaire ne paraît pas avoir existé à Saint-Omer", dies geht jedoch zu weit; der § 8 bezieht sich, wie aus § 5 hervorgeht, nur auf omnes, qui ad guildam pertinent. Erst der § 9 trifft Bestimmungen für omnes, qui intra murum S.A. habitant, dort ist aber von einer Befreiung vom Kampf nicht mehr die Rede. — Vgl. auch Ypern (1116) bei Proost p. 96.

allgemein durch das weniger langwierige Beweismittel des Zeugenbeweises und der übrigen Beweismittel des damaligen Prozesses ordnen konnten, zumal sie auch andererseits wenig Zeit und Gelegenheit zur Erwerbung der für den Kampf erforderlichen Fertigkeiten infolge ihrer Gewerbetätigkeit hatten.

Gegen Ende des dreizehnten Jahrhunderts beginnen dann wieder neue Privilegien, allerdings aus anderen Ursachen, zugunsten der vilains, in den Rechtsquellen aufzutauchen. Vorausgegangen war diesen Privilegien der Abschluß der das Waffenhandwerk treibenden Bevölkerung zum Ritterstande und der Siegeszug des Enquesteverfahrens, das schon zu Beginn des dreizehnten Jahrhunderts den Süden in Besitz genommen hatte und sich nun allmählich nach dem Norden hin Bahn schaffte. Und wo immer solche Privilegien uns in der Gesetzgebung des ausgehenden dreizehnten Jahrhunderts begegnen, dürfen wir sie nicht als privilegia odiosa betrachten, sondern vielmehr als privilegia favorabilia.[1]) In vielen Stadtrechten kehrt ein solches Privileg fast wörtlich wieder, es wird da bestimmt:

„Quod nullus habitans in dicta Bastida vel in districtu ejus„dem, de quocunque crimine appelatus vel accusatus fuerit, nisi „velit, teneatur pugnare duello vel se defendere nec cogatur „ad duellum faciendum; et si refutaverit, propter hoc non habea„tur pro convicto, set appelans, si velit, probet crimen quod „objicit per testes vel per alias probationes juxta formam juris.“ [2])

---

[1]) Dies möchte ich auch für das artesische Recht annehmen, obwohl die Formulierung des coutumier d'Artois (z. B. 46,1 u. a. a. O.) dazu verleiten möchte, die vilains als odiose privilegiert zu betrachten; was sie ja zweifelsohne, vom schroff ritterlichen Standpunkt, nicht aber von ihrem eigenen aus betrachtet waren. — Anders liegen allerdings die Verhältnisse nach dem Brüggischen Recht, vgl. Franc de Bruges (1330) p. 98 n° 18 art. 97 u. 3 Keure (1304) in Ville de Bruges I, p. 298 n° 27 § 33, vgl. jedoch hiergegen p. 395 n° 36 (circa 1329).

[2]) Castel-Amouroux und Saint-Pastour en Agenais (1287 u. 1289) in Nouv. Rev. d. Droit français et étranger Tome XII (1888) p. 86/87 art. 8. — Riom (1249) bei Thaumassière p. 458. — Mont-Chabrin (1297, 1307) in Ord. XII, 363. — Charroux in Ord. XI, p. 408. — Lunas in Ord. XII, 399. — Montargis in Ord. XI, 472. — Riom (1325) in Ord. XI, 494. — Salmeranges (1331) in Ord. XII, 517. — Tournay (1340) in Ord. XII, 57. — Tournay (1370) in Ord. V, 378. — Fleurence (1396) in Ord. VIII, 97. — Beaumont en Périgord (1461) in Ord. XV, 447 u. a. m. — Roye (Vermandois) in Ord. XI, 229 (1183).

Der Einwohner der betreffenden Gemeinde kann also in jedem Stadium des Verfahrens den Kampfprozeß aufgeben; ist er Beklagter, so greifen die beim Ungehorsamsverfahren zu besprechenden Präsumptionen nicht Platz, ebensowenig wie sie hier für den Kläger kraft Talionsprinzips gelten; dem Kläger bleibt es in einem solchen Falle überlassen, nunmehr durch Zeugen und die andern Beweismittel den Beweis zu führen.

§ 8.

6. Die Ehre.

Wie im allgemeinen die Ehre von großem Einfluß auf die Rechtsfähigkeit und die Handlungsfähigkeit ist, so ist sie es ganz besonders im Kampfrecht.

I. Grundsätzlich ist ein Kampf nur möglich zwischen zwei Personen, die de honore gleich sind.[1]) Allerdings wird andererseits auch nicht der Vollbesitz der Ehre zur Bedingung für die Kampffähigkeit gemacht; es können demgemäß zwei bastards sehr wohl zum Kampf untereinander verstattet werden,[2]) desgleichen auch zwei Mietskämpfen.[3]) Eine absolute Kampfunfähigkeit besteht nur für jene, die ihr Recht verwirkt haben.[4])

II. Eine Minderung der Prozeßfähigkeit tritt durch unehrliche Geburt ein. Der bienné braucht die Herausforderung durch einen bâtard nicht anzunehmen;[5]) ebensowenig wie der bâtard als Zeuge gegen den homme lige im orientalischen Recht produziert werden kann.[6])

Eine Schmälerung der prozessualen Handlungsfähigkeit

— S. Quentin (1195) in Ord. XI, p. 272. — Nur im Ausdruck schärfer, im Prinzip aber gleich Carcassonne, und Montpellier (1204) in Languedoc III, 472.

[1]) Usatici 45.

[2]) Antioche HC. p. 28. — Ancien Bourg. 3. — Beaum. 1805.

[3]) Amiens (1190, 1209, 1225) in Ord. XI, p. 266. — Jost. et Plet p. 281.

[4]) Gr. coust. norm. ch. 62. — Cout. Bretagne ch. 129. — Jérusalem HC. Clef. ch. 138 p. 589. — Philippe de Navarre ch. 28 p. 502. — Antioche B. p. 58.

[5]) Anc. Bourg. 3. — Beaum. 1805. [6]) Antioche HC. p. 28.

bewirkt ferner die Ausübung eines unehrlichen Gewerbes, hierzu wird vor allem das Gewerbe des Mietskämpfen gerechnet.[1]) Dieser Grundsatz wird häufig absolut formuliert,[1]) manchmal jedoch auch nur relativ, z. B. nur für die Gemeindeangehörigen.[2]) Diese Bestimmung ist jedoch so zu verstehen, daß in den Fällen, wo Vertretung durch Mietskämpfen zulässig war, auch jederzeit dem Mietskämpfen der einen Partei ein solcher der andern gegenübergestellt werden konnte. Nur die Forderung eines Mietskämpfen, der sein eigenes Recht vertrat, durfte oder brauchte ein unbescholtener Mann nicht anzunehmen.[3])

III. Ausgeschlossen vom Kampfrecht waren wegen Verwirkung ihres Rechts: die infames,[4]) die parjures[5]) einschließlich der bei der Zeugenschelte unterlegenen,[6]) die desloiaus jeder Art,[7]) die faus,[7]) die champions vencus,[8]) die, deren Kämpfe besiegt worden war, da sie dadurch parjures geworden waren.[9]) Bezüglich der Diebe findet sich eine ausdrückliche derartige Bestimmung nicht, wohl aber bestimmt die ancienne coutume de Bourgogne, daß ihre Herausforderung nur, so lange sie den larrecin noch nicht gebeichtet und gebüßt hatten, zurückgewiesen werden durfte.[10])

IV. Der Rechtlose mangels Ehre hat keinen Anspruch auf Entschädigung, falls er im Kampfe obsiegt, während dem loial hons ein nach den einzelnen Quellen verschieden normierter Kostenersatzanspruch zusteht.[11])

---

1) Jost. et Plet p. 281. — Vgl. hierzu Sa. Sp. L. I, 38 § 1.

2) Z. B. Amiens (1190, 1209, 1225) in Ord. XI, p. 266.

3) Dies folgt z. B. auch aus der Bestimmung über Kostenersatz in Ancien Bourg. 29 § 2.

4) Cout. Bretagne ch. 129.

5) Gr. cout. norm. ch. 62. — Jérusalem HC. Philippe de Navarre ch. 28 p. 501.

6) Antioche B. p. 58.

7) Jérusalem HC. Clef ch. 138, p. 589.

8) Jérusalem HC. Philippe de Navarre ch. 28, p. 501. — Soissons (1116, 1181), art. 17 in Garnier I, 15.

9) Jérusalem, Jean d'Ibelin ch. 71, p. 114.

10) Ancien Bourg. 5 § 1. — Anders Sa. Sp. L. I, 38 § 1.

11) Ancien Bourg. 29 § 2. — Vgl. unten § 48.

§ 9.

7. Der Lehensverband.

Naturgemäß hat das Lehenswesen, das in unserer Periode Kultur und Recht mit seinem Geiste durchdrang, auch in mannigfacher Weise seinen Einfluß auf dem Gebiete des Kampfrechts geltend gemacht.

I. Herr und Mann konnten ein Kampfrechtsverhältnis nur begründen, wenn der Forderer das Lehensverhältnis vorher gelöst hatte.[1])

II. Der vilain wird überhaupt nicht zur Klage gegen seinen Herrn zugelassen[2]) oder doch nur bei der Mordsklage als nächster Erbe des Getöteten.[3])

III. Der Vassal ist nächst den nächsten Magen dazu befugt, den Mörder seines Herrn kämpflich zu grüßen.[4])

IV. Der Vassal kann sich nicht im Kampfprozeß für seinen Herrn verbürgen,[5]) wohl aber kann der Lehensherr für seinen Mann diese Bürgschaft übernehmen.[6])

V. Der Herrendienst gilt für einen Fall echter Not im Kampfrecht, so lange der Mann sous le drapeau du Seigneur ist, ist er libre de ne répondre à personne.[7])

VI. Nach burgundischem Recht wird durch die Niederlage im Kampfprozeß der ritterliche Mörder Mann der ritterlichen Verwandten des Getöteten, oder sergeant der bürgerlichen Verwandten. Der bürgerliche Mörder wird Mann der bürgerlichen Verwandten des Getöteten, aber nur pour lui meisme.

VII. Nach Gar. Loh. konnte der mit Zustimmung der lignage der Gegenpartei von peinlicher Strafe gelöste Bürge zur Lehenspflicht gegen die lignage des Verletzten angehalten werden.[8])

---

[1]) Gr. coust. norm. ch. 84. — Beaum. 1734. — Et. I, 49. — Godfr. R. 10024. — Brussel p. 974. — Houard I, 264.

[2]) Charroux (1247) art. 27. — Houard I, p. 264 sect. 189.

[3]) Houard I, p. 264. [4]) Houard I, p. 566. [5]) Gayd. 654.

[6]) Gar. Loh. p. 26. [7]) Antioche HC. ch. 13. [8]) Gar. Loh.

B. Die Handlungsfähigkeit (Parteifähigkeit).

§ 10.

1. Das Alter.

Drei Altersstufen sind im Kampfrecht von Bedeutung, nämlich das Alter von 14 (15) bis 20 (21, 25), das von 20 (21, 25) bis 40 (60, 70) und das über 60 (70) Jahre.

I. Kampfpflichtigkeit und Mündigkeit fallen nicht zusammen; nur nach den Assisses d'Antioche scheint für den Eintritt beider das 15. Jahr maßgebend gewesen zu sein.[1] Andere Quellen lassen die Mündigkeit mit dem 15. Jahre, die Kampfpflichtigkeit aber erst mit 20 ans passez eintreten.[2] Nach wieder andern Quellen beginnt die Mündigkeit mit 20 Jahren und 1 Tag, die Kampfpflichtigkeit erst mit 21 ans passez; diese Termine gelten sowohl für vilains, als für gentilhommes.[3] Eine andere Reihe von Quellen bestimmt als Mündigkeitstermin das 15., als Kampfpflichtigkeitstermin das 21. Jahr.[4] Eine Anzahl von Rechten setzen den letzteren Termin ebenfalls auf das vollendete 21. Jahr an.[5] Endlich war nach der consuetudo Remensis, que pro jure servatur der minor XXV annorum nicht kampfpflichtig.[6]

II. Früher als die Kampfpflichtigkeit beginnt die Kampffähigkeit. Der früheste Termin für sie war wohl das vollendete 14. Lebensjahr; von diesem Zeitpunkt an war man receyvable en apels.[7] Beaumanoir gibt das 15. Jahr als Beginn der Kampf-

---

1) Antioche B. ch. 2, p. 50.

2) Jost. et Plet p. 131. — Beaum. 522, 1810, abgesehen von sueurs, der schon mit XII ans accomplis nach Beaum. 523 mündig wird. — Usatici 55.

3) T.-A. 67. — Et. I, 78. — Ord. de Jean.

4) Et. I, 146. — Abrégé champ. 77. — Gr. coust. norm. ch. de „non aage". — Nach Britton bei Canel, p. 50, nota 1, und nach der très ancienne coustume de Champagne war der 14jährige schon mündig, ebenso nach Troyes (1283) und cout. de Troyes (1509) bei Viollet III, p. 165, nota 8.

5) Artois 40,6. — BBA. 99. — BBF. 1301. — Livre des Droiz für gentilhomme und rosturier seigneur, ch. 450 u. 405.

6) Varin. R. législ. p. 37 art. 14 (1248).

7) Britton bei Canel p. 50. — Livre des Droiz 364. Beginn der Strafmündigkeit.

fähigkeit an und begründet dies folgendermaßen: car male chose seroit de soufrir enfans en gage, devant qu'il aient aage par quoi il doivent connoistre le peril qui est en gages; er fügt noch hinzu: et en mout de païs il convient plus d'aage.[1]) Im allgemeinen scheinen Kampffähigkeit und Mündigkeit zusammenzufallen.

In diesem Alter konnte man eine Herausforderung zum Kampf annehmen, man war aber nicht dazu verpflichtet; demgemäß bestand auch keine Verpflichtung, den Mörder des nächsten Verwandten durch kämpflichen Beweis zu überführen; der minor hatte aber, falls er der plus prochain du lignaige war, die Möglichkeit, nach erlangter Volljährigkeit bzw. Kampfpflichtigkeit die suyte aufzunehmen ungeachtet eines mit der Sippe des Getöteten vorher abgeschlossenen Vergleichs; nur eine im gerichtlichen Kampfe gefallene Entscheidung war als Gottesurteil auch für ihn bindend.[2]) Nahm der minor aber am Kampfprozeß teil, so wurde über den Streitgegenstand endgültig entschieden; in dem Verfahren hatte er alle Rechte eines Kampfmündigen, so konnte er z. B. auch den record verlangen: puer infra aetatem non potest petere recordationem assissiae nisi de lege ultrata, puta de duello, lautet eine Entscheidung des Échiquier,[3]) andererseits lief er auch die volle Gefahr: puer bene potest perdere ad finem per duellum, hat der Échiquier weiter entschieden;[3]) beging nun der soubz-aage ein Kapitalverbrechen, so konnte er sich auf den Kampf einlassen, tat er es nicht, so trat dadurch für ihn nicht etwa eine Befreiung von der kämpflichen Klage ein, sondern er wurde bis zur Erlangung des kampfpflichtigen Alters gardé ou baillé en garde, si comme il plaira à la justice,[4]) falls Erledigung par enqueste ou par briefs ausgeschlossen war.[5]) Außerdem bestand für den minor noch eine dritte Möglichkeit, er konnte sich jederzeit im Kampfprozeß durch einen avoué vertreten lassen.[6])

---

[1]) Beaum. 1810. [2]) Gr. coust. norm. ch. 70. — Canel p. 27.
[3]) Échiquier (1234) in Mém. d. l. soc. des Antiqu. norm. XV, p. 145.
[4]) Gr. coust. norm., chap. de „non aage“, bei Canel p. 50/51.
[5]) Gr. coust. norm., chap. de „non aage“. [6]) Beaum. 1810.

III. Mit dem Schwinden der Vollkraft erreichte die Kampfpflichtigkeit ihr Ende. Vereinzelt endet sie mit dem 40. Lebensjahre,[1]) meist jedoch mit dem 60.[2]) Britton gibt sogar 70 Jahre als Grenze an.[3]) Ist dieses Alter erreicht, so kann der Geforderte mestre un autre en echange;[4]) nach dem älteren, in der Touraine, im Anjou und im Maine geltenden Rechte kann aber der Forderer, falls es sich um einen grant cas handelt, und der Geforderte der Bestellung eines Stellvertreters widerspricht, von diesem Vorrecht keinen Gebrauch machen.[5]) Das spätere Recht dieser Landesteile hat jedoch diese Härte beseitigt.[6]) Zum Nachweis des hohen Alters genügt der Eineid, dessen der sich darauf beruft.[7])

§ 11.

2. Die Gesundheit und der Tod.

Es liegt in der Natur des Kampfprozesses, daß verkrüppelte und verstümmelte Personen an ihm nicht aktiv teilnehmen konnten; aber auch andere Gebrechen und Krankheiten fanden im kämpflichen Verfahren Berücksichtigung.

I. Der Geisteskranke kommt überhaupt nicht in die Lage, in einem gerichtlichen Verfahren mitzuwirken, weder als Partei noch als Zeuge;[8]) er ist weder deliktsfähig,[9]) noch kann er über Immobilien[10]) oder Mobilien verfügen,[11]) pour ce qu'il ne sevent qu'il font.[12]) Bricht die Geisteskrankheit während des Prozesses

---

[1]) Gr. coust. norm., chap. de „suyte d'assault".

[2]) BBB. 25, 177. — T.-A. 20, 165. — Et. I, 30, 175. — Abrégé champ 136. — Livre des Droiz 357. — BBC. 166, 23 und Glosse „bataille". — BBF. 1296. — Beaum. 1713.

[3]) Bei Canel p. 26. — Arrêt du Parl. (17. III. 1331) in Laurière, Glossaire p. 260.

[4]) Laval (1398) bei Ursinus p. 138.

[5]) BBB. 177 —, T.-A. 165 und Et. I, 175 haben im Schlußsatz: droit donroit que il se changeroit, ja por ce ne le lairoit; an sich haben diese Worte im Munde des Geforderten wenig Sinn; wohl aber lassen sie darauf schließen, daß zur Zeit der Abfassung dieser Quellen, die jedenfalls später abgefaßt sind als BBB. (a. A. Viollet III, 3 nota 1), eine mildere Praxis herrschte.

[6]) BBC. 166. [7]) BBB. 25. — T.-A. 20. — Et. I, 30.

[8]) Beaum. 1183. [9]) Beaum. 1575. [10]) Beaum. 1624.

[11]) Beaum. 1061. [12]) Beaum. 1061.

aus, so wird auf Antrag des Gegners dem forsené ein defendeur bestellt, car la forsenerie d'aucun ne doit pas autrui damagier, und weil andererseits on ne set le certain jour de sa garison.[1])

II. Auch der mesel war vom Kampfprozeß, so gut wie von der Fehde, ausgeschlossen;[2]) als Zeuge kam er nicht in Betracht, car coustume s'accorde qu'il soient debouté de la conversation d'autres gens,[3]) somit fiel auch die Möglichkeit der Schelte seines Zeugnisses weg. Forderte aber ein Lepröser einen Gesunden, so brauchte dieser die Forderung nicht anzunehmen,[4]) andererseits brauchte der meseaus der Herausforderung vonseiten eines Gesunden nicht Folge zu geben, da er hors de la loi mondaine stand, ne qu'il n'est pas tenus a respondre la ou il ait gages.[5])

III. Bei andern Krankheiten ist Offensichtlichkeit das erste Erfordernis;[6]) im späteren Recht, wo in bürgerlich-rechtlichen Sachen regelmäßig Kampfstellvertreter zugelassen wurden, galt dies Erfordernis nur für Strafsachen. Zweck dieser Bestimmung war, dem betrügerischen Vorschützen von Krankheiten zur Ermöglichung der Stellvertretung vorzubeugen. Bei Berufung auf allgemeine Körperschwäche wird die Bestätigung durch die Nachbarn verlangt,[7]) oder es tritt eine Vertagung ein, um in einem späteren Termin einen erneuten Augenschein zu nehmen, erscheint die Partei in diesem zweiten Termin nicht, so wird sie aufgefordert, sich durch ihren ältesten Sohn oder den nächsten Erben vertreten zu lassen.[8]) Ist die Partei dem Gericht als loial hom bekannt, so genügt im älteren Recht von Burgund der Eineid derselben.[9])

Von offensichtlichen Krankheiten, die zur Stellvertretung berechtigen, nennt Beaumanoir die goute arteticle (Gelenkrheumatismus), den avertin (Wut), die quartaine und die tierçaine (Wechselfieber) und das Fehlen eines Gliedes.[10]) Die wichtigste und in den Quellen häufigste ist aber der méhaing, d. h. eine

---

[1]) Beaum. 118. [2]) Beaum. 1688. [3]) Beaum. 1177.
[4]) Britton bei Canel p. 50. [5]) Beaum. 1817.
[6]) Cart. S. Dionysii Nogenti-Rotrudi (1100) nº 53. — Usage Orlén. 9. — Et. II, 11. — Jost. et Plet p. 289. — Beaum. 1713. — BBC. 166. — Godfr. R. 32437.
[7]) Cart. S. Dionysii Nogenti-Rotrudi (1100) nº 53. — Ancien Bourg. 27.
[8]) BBC. 111. [9]) Ancien Bourg. 27. [10]) Beaum. 1713.

schwere Körperverletzung, die den Verlust oder die Gebrauchsunfähigkeit eines Gliedes nach sich zieht.[1]) In Zivilsachen tritt hier regelmäßig Kampfstellvertretung ein, in Strafsachen teils nur mit Zustimmung des Geforderten,[2]) teils nur, wenn der Geforderte die Krankheit erst nach der Tat bekommen hat, und der Forderer bei der Hingabe des vadii nicht gesagt hat, quod cum tali morbo crimen commiserit.[3])

IV. Ohne Einfluß auf den Gang des Verfahrens bleibt der Tod eines Beteiligten. Stirbt der Stellvertreter in der Zeit zwischen seiner Bestellung und dem Kampftag, so ist die Partei befugt, ei alium substituere loco illius qui decesserit.[4]) Stirbt die Partei selbst, so tritt der Erbe an ihre Stelle;[5]) stirbt der Forderer, dann hat im Präsentationstermin der Geforderte den ersten Schwur.

Diese Bestimmungen gelten offenbar nur für den Zivilprozeß, denn im Strafprozeß liegt ein Grund für die Fortsetzung des Verfahrens gegen den Erben eines nicht überwiesenen Täters nicht vor. Stirbt der Kläger, dann wird in Kapitalsachen ohne weiteres der nächste Erbe die suyte aufgenommen haben,[6]) nahm er sie nicht auf, so fand in der Normandie enqueste statt.

§ 12.

3. Das Geschlecht.

Die persönliche aktive Teilnahme der Frau am Kampfe, wie ihn einzelne deutsche Rechtsquellen kennen,[7]) ist dem

---

[1]) Beaum. 841. — Livre des Droiz 357. — Artois 40,10. — BBB. 177. — T.-A. 165. — Et. I, 175. — BBC. 166. — Usage Orlén. 9. — Et. II, 11. — Fleta bei Canel p. 34. — Jérusalem HC. Jean d'Ibelin ch. 106, p. 176.

[2]) BBB. 177. — Usage Orlén. 9. — Et. II, 11.

[3]) Consuetudo Remensis art. 40 in Varin, R. législatif p. 38 art. 40.

[4]) Layettes n° 1031 (1212) für Champagne und Brie.

[5]) Layettes n° 1031 (1212) für Champagne und Brie. — Boutaric n° 5506, 6046 (1317—1319). Der Erbe braucht aber den Prozeß nicht weiterzuführen, dann tritt auch für den Gegner Befreiung ein. Vgl. Picardie ch. 83 (1322); es gilt hier die Rechtsregel: L'homme mort le plaid est mort, vgl. Loisel VI, 3 n° 8.

[6]) Vgl. Boutaric II, p. 314 n° 6046 (12. IV. 1319).

[7]) Talhoffer tab. 242—250. — Annales Bernenses 1288. — Heinrich von Neustadt Appolonius 29423 squ. — Reinfried 8416. — Vgl. hierzu Schultz II, p. 173.

französischen Rechte unbekannt. Die Frau ficht regelmäßig durch Stellvertreter[1]) und erfreut sich auch mancher anderer Vorrechte im Kampfprozeß.

I. Am häufigsten handeln die Quellen von der verheirateten Frau; sie lassen sich in zwei Reihen sondern.

a) Nach den einen kann die Frau apeler et se defendre,[2]) ja sie kann auch einen Zeugen schelten;[3]) nach diesen hat sie aber auch die Pflicht, einen Kampfstellvertreter zu stellen, widrigenfalls gegen sie die ordentlichen Ungehorsamsfolgen eintreten.[4])

b) Nach den andern, und diese überwiegen, kann die Frau nur de auctoritate mariti fordern;[5]) der Kampf findet durch Stellvertreter statt, der Vorbehalt eines solchen muß aber, wie auch sonst, sogleich bei der Klagerhebung gemacht werden, sonst ist li apeaus de nule valeur.[6])

Ähnlich ist das Recht des Gr. coustumier de la Normandie, nach dem aber nur der Ehemann fordern kann;[7]) unterläßt er es, so wird die Gegenpartei Jahr und Tag in Haft gehalten, falls es sich um eine Strafsache handelt.

Auch nach dieser Reihe von Quellen war das defendre einer Ehefrau ohne Genehmigung des Mannes zulässig, wenigstens findet sich nirgends das Gegenteil, wohl aber finden sich zwei Fälle, in denen die Frau die Geforderte war, ohne daß besonders die Genehmigung des Ehemannes hervorgehoben wäre.[8])

Gemeinsam mit dem Mann konnte die Frau nach einem Parlamentsurteil von 1280 fordern; es handelte sich um Brandstiftung, die Frau bestellte einen Kampfstellvertreter, der ihrem Stande entsprechend ein miles war.[9])

---

[1]) Jost. et Plet p. 291. — Jérusalem HC. Philippe de Navarre ch. 12, p. 485, u. a. m.

[2]) Jost. et Plet p. 274 u. 290. — Charr. — Ch. lyon. — Doon. — Jérusalem HC. Philippe de Navarre ch. 12, p. 485. — Jean d'Ibelin ch. 82, p. 130.

[3]) Jérusalem HC. Geoffroy, le Tort, ch. 26, p. 442.

[4]) Godfr. — Ch. cyn. — Ch. cyn. R.

[5]) Beaum. 1796. — Châtelet 39. — Et. I, 153. — Olim II, 403, XIII (1296).

[6]) Beaum. 1713 u. 1795. [7]) Gr. cout. norm. ch. 77.

[8]) Boutaric 824* (1292). — Vgl. auch S. Geneviève de Paris (1266).

[9]) Boutaric 2269 A (1280).

II. Zwei vermögensrechtliche Privilegien der Frau verdienen hier Erwähnung:

a) Wenn in Strafsachen die Ehefrau ihren Leib verwirkte, so konnte der Gerichtsherr die Fahrhabe der Frau nicht einziehen, sondern nur les eritages qui sont de par li, soit d'aquest soit de son eritage;[1]) dies galt allerdings nicht nur für Kampfsachen.

b) Gegen oder für das Wittum war der Kampfprozeß unzulässig, car li privileges des fames qui tiennent par reson de douaire est si frans que leur douaires leur doit estre gardés et garantis sans delai.[2])

III. Nach dem älteren normannischen Recht konnte die Frau, die keinen Kämpfer fand, sich durch ignise reinigen, ein von ihr angeklagter Mann konnte sich, falls die Frau ihm keinen Kämpfer gegenüberstellte, par eaue ou par ignise reinigen. Zur Zeit des Gr. coust. norm. findet mit Rücksicht auf das kirchliche Verbot der Feuer- und Wasserprobe in beiden Fällen enqueste statt.[3])

IV. Günstiger als die verheiratete Frau ist die Witwe gestellt. In Amiens hatte sie bei Klagen um Schuld, wenn die Gegenpartei nur einen Zeugen produzierte, den Reinigungseid, während andere Personen nur, falls gar keine Zeugen vom Gegner vorgebracht wurden, dazu verstattet wurden.[4])

V. In Strafsachen ging die Strafe im allgemeinen an Hals und Hand. Eine Ausnahme besteht im normannischen Rechte zugunsten der Frauen und Witwen, sowie ihrer Kampfstellvertreter bei der Anklage wegen Notzucht; unterlag nämlich der Kämpfe der Frau, so wurde die Frau nur fustée et chaciée hors, während der Kämpfer nur eine Buße von 40 s 1 d pour la récréandise zahlte.[5])

---

[1]) Beaum. 930.

[2]) Beaum. 430 squ. u. 1822.

[3]) Gr. coust. norm. ch. 77. — Vgl. Canel p. 48.

[4]) Amiens (1190, 1209, 1225) Ord. XI, p. 266 art. 24.

[5]) Établ. norm. bei Canel p. 64.

§ 13.

4. Die Gefangenschaft.

Gefangenschaft gilt im Mittelalter allgemein als Fall echter Not.

I. Nach Beaumanoir ist jeder Gefangene davon befreit, sich vor Gericht wegen einer andern Sache zu verantworten, es sei denn, daß er mala fide eine Schuldknechtschaft herbeigeführt hat, um sich der Verantwortung in einer andern Sache zu entziehen.[1])

II. Wenn ein Kämpfe von einem Wucherer in Schuldhaft gehalten wird und dadurch nachweisbar am Erscheinen im Termin gehindert wird, l'en jugera que la chose soit ramenée à loiauté.[2])

§ 14.

5. Andere Fälle echter Not.

I. Das ältere normannische Recht kennt zwar einen numerus clausus der Fälle echter Not; das spätere kennt diese Beschränkung ebensowenig wie das gemeinfranzösische Recht.[3]) Die Zahl der Fälle echter Not wird immer größer, und im einzelnen Fall wurde je nach der Sachlage festgestellt, ob eine exonia vorliege oder nicht. Für das Kampfrecht wird dies zwar nirgends ausdrücklich gesagt, beim Schweigen der Quellen über diese Frage ist aber anzunehmen, daß die allgemeinen Regeln hier Anwendung fanden, und auch hier von Fall zu Fall in späterer Zeit festgestellt wurde, ob ein Entschuldigungsgrund vorlag.[4])

---

[1]) Beaum. 1574 — ebenso Livre des Droiz 84. [2]) Fontaines XV, 87.

[3]) Vgl. z. B. Beaum. III und Livre des Droiz 118. — Coutume du comté de Clermont en Beauvaisis (1496) § 12 u. 13 éd. G. Testaud in Nouv. Rev. hist. de Droit fr. et étranger 27e année (1903), p. 262.

[4]) Vgl. z. B. Gallus qu. 339.

Drittes Kapitel.

§ 15.

Das Gericht.

I. In unserer Periode haben wir zwei große Gruppen von Gerichten zu unterscheiden, die weltlichen Gerichte und die geistlichen Gerichte; beide haben Gerichtsbarkeit in Zivil- und Strafsachen. Unter den weltlichen Gerichten sind wieder zu unterscheiden die königlichen Gerichte und die Territorialgerichte; sie alle zerfallen wieder je nach ihrer Zuständigkeit in höhere und niedere Gerichte, zwischen beiden besteht in manchen Gebieten noch eine Mittelstufe.

II. Auch die geistlichen Gerichte hatten Kampfgerichtsbarkeit.[1]) Das Urteil wird in der curia saecularis des geistlichen Herrn durch seinen senescallus temporalitatis gesprochen; der Kampf selbst findet in der curia statt.

III. Der Inhaber der hohen Gerichtsbarkeit hatte regelmäßig auch die Kampfgerichtsbarkeit in Sachen hoher Gerichtsbarkeit, mit dem Jahre 1258 ändert sich dies für die Gerichte innerhalb der königlichen Territorien,[2]) allerdings nur für kurze

---

[1]) Paris (XII u. XIII) bei Tanon Églises p. 18—24; Gallia christ. VII col. 93; Cart. de N.-D. de Paris I, p. 122 ff.; Leboef, Histoire de Paris I, p. 11. — Pierre de Chantre bei Tanon Églises l. c. — Cart. de N.-D. de Paris (1193, 1199, 1203, 1269, 1112, 1139) I, 233, 78, 159, III, 433, I, 378, II, 324. — Tournay (1185/1213). Ord. XI, p. 283. — Cosne (1263) in Boutaric 818. — Corbie (1297 bis 1308) in Thierry III, p. 496 art. 13. — Jumièges (1240) bei Canel p. 98. — Fécamp (1195) bei Canel p. 88. — Fécamp (1279) in Olim II, 145, XIV. — Brieux 1311 in Olim III², p. 679, XLV. — Styl. pag. 27. — Rouen (1048/50) in Gallia christiana II, nº 467. — Giry, Rouen I, 290.

[2]) Ord. 1260 in Rec. I, p. 284. Joseph Tardif versetzt sie mit überzeugenden Gründen in die Zeit zwischen 11. Nov. 1257 und 13. Oktober 1258; vgl.

Zeit; denn spätestens im Jahre 1306 wurde auch hier der Kampf für die großen Kapitalverbrechen wieder zugelassen.[1])

Zur hohen Gerichtsbarkeit gehören:

a) Mord,[2])
b) Totschlag,[3])
c) Verrat,[4])
d) raptus,[5])

---

hierüber Nouv. Rev. hist. d. Droit (1887) p. 174; derselben Ansicht ist Ch. V. Langlois, Textes du parlament p. 45 bei Ducoudray p. 382. — S. Martin de Tours (1263) in Dom. Housseau t. VII, nos 3163, 3164, 3175.

[1]) Ord. 1306 in Rec. II, p. 832. — Vgl. Gisors (1278) bei Canel p. 100.

[2]) Cart. de N.-D. I, 128 (1228). — Reimes (1184) in Varin, R. adm. p. 408, n° 274 de valle Rodigionis. — Poitou (1222) in Layettes n° 1553. — Dommarb (1246, 1395) in Ord. VII, 690, IV. — Beaumont-sur-Oise (1223) in Layettes n° 1621. — Meaux (1179) in Layettes n° 299. — S. Florentin (1231) in Layettes n° 2170. — Châtillon et Dormans (1231) in Layettes n° 2153. — Escueil (1229) in Layettes n° 2017. — Fîmes (1227) in Layettes n° 1913. — Troyes (1230) in Boutiot, Troyes I, p. 323. — S. Memmie (1231) in Layettes n° 2134. — Provins (1230) in Layettes n° 2075. — Ide (1227) in B. & L. p. 85. — Lury (1213) in Bourdot III, p. 1005. — Abrégé champ. 126. — Et. I, 5 u. II, 36. — Livre des Droiz 252. — Tournan (1193) in Layettes n° 410. — Échiquier (1376) bei Canel p. 112. — Beaum. 1642.

[3]) Poitou (1222) in Layettes n° 1553. — Beaumont-sur-Oise (1223) in Layettes (1621). — Ide (1227) in B. & L. p. 85. — Auxerre (1223) in Layettes n° 1592. — Lury (1213) in Bourdot III, p. 1005. — Livre des Droiz 252. — Gigorz (1246) in Cart. de St. Victor de Marseille n° 990. — Turriers (1193) in Cart. de S. Victor de Marseille n° 992. — Beaum. 1642. — Ord. 1306. Rec. gén. II, p. 832.

[4]) Beaumont-sur-Oise (1223) in Layettes 1621. — Lury (1213). — Bourdot III, 1005. — Abrégé champ. 126. — Et. I, 5, II, 36. — Languedoc III, p. 222 (1210). — Beaum. 1642. — Ord. 1306 in Rec. II, p. 832.

[5]) Cart. de N.-D. I, 128 (1228). — Tournan (1193) in Layettes n° 410. — Fontevrault (1177) in Layettes n° 284. — Varin R. adm. p. 408 n° 274 (1184 de valle Rodigionis. — Poitou (1222) in Layettes n° 1553. — Dommarb. (1246, 1395) in Ord. VII, p. 690, IV. — Beaumont-sur-Oise (1223) in Layettes n° 1621. — Meaux (1179) in Layettes n° 299. — S. Florentin (1231) in Layettes n° 2170. — Châtillon et Dormans (1231) in Layettes n° 2153. — Escueil (1229) in Layettes n° 2017. — Fîmes (1227) in Layettes n° 1913. — Troyes (1230) in Boutiot, Troyes I, p. 323. — S. Memmie (1231) in Layettes n° 2134. — Provins (1230) in Layettes n° 2075. — Ide (1227) in B. & L. p. 85. — Lury (1213) in Bourdot III, p. 1005. — Auxerre (1223) in Layettes n° 1592. — Abrégé champ. 126. — Et I, 5, II, 36. — Livre des Droiz 252. — Turriers (1190) in cart. de S. Victor de Marseille n° 992. — Gigorz (1146) in cart. de S. Victor de Marseille n° 990, (1235) nos 993 u. 994. — Beaum. 1642.

e) Raub,[1])
f) sanguis,[2])
g) Diebstahl,[3])
h) Brandstiftung,[4])
i) dingliche Klagen[5]) u. a. m.

IV. Vielfach war jedoch der Kampf ohne weiteres dem Inhaber der hohen Gerichtsbarkeit zur Entscheidung vorbehalten oder für einen Fall der hohen Gerichtsbarkeit erklärt.[6]) Nach

[1]) Beaumont-sur-Oise (1223) in Layettes n° 1621; dies ergibt sich aus den Strafbestimmungen, da raptus hier in doppeltem Sinne gebraucht ist. — Livre des Droiz 252. — Tournan (1193) in Layettes n° 410.

[2]) Cart. de N.-D. I, 128 (1228). — Fontevrault (1177) in Layettes n° 284. — Poitou (1222) in Layettes n° 1553. — Languedoc III, p. 222 (1210).

[3]) Fontevrault (1177) in Layettes n° 284. — Poitou (1222) in Layettes n° 1553. — Dommarb (1246, 1395) in Ord. VII, 690, IV. — Meaux (1179) in Layettes n° 299. — S. Florentin (1231) in Layettes n° 2170. — Auxerre (1223) in Layettes n° 1592. — Abrégé champ. 126. — Et. I, 5—II, 36. — Tournan (1193) in Layettes n° 410. — Escueil (1229) in Layettes n° 2017. — Fîmes (1227) in Layettes n° 1913. — Troyes (1230) bei Boutiot Troyes I, p. 323. — S. Memmie (1231) in Layettes n° 2134. — Ide (1227) in B. & L. p. 85. — Lury (1213) in Bourdot III, 1005. — Châtillon et Dormans (1231) in Layettes n° 2153.

[4]) Meaux (1179) in Layettes n° 299. — Abrégé champ. 126. — Et. I, 5, II, 36. — Usage Orlén. 36. — Ord. I, p. 561 (1315).

[5]) Livre des Droiz 726. — Cart. St. Dionysii de Nogento (1100, 1100/20) n° 53, p. 126; n° 19, p. 62. — Narbonne (1023) in Languedoc I, 175, n° 174. — Lézar (1048). — Languedoc II, p. 215, n° 194.

[6]) Montolieu (1312, 1391) in Ord. VII, p. 501. — Dommarb (1246/1395) in Ord. VII, 690, IV. — Viry Noureuil (1139) in Cart. de N.-D. de Paris t. II, p. 324 bei Tanon Églises p. 19. — S. Germain-des-Prés (1027) in Hist. X, 612 und (1154) bei Bouillart p. 89. — Tournai (1240) in Layettes n° 2857. — Pont-Audemer (1195) Mém. d. l. soc. des Antiqu. norm. t. XV, p. 79, col. 2. — Cart. St. Dionysii de Nogento (1100, 1100/20) n° 53, p. 126; n° 19, p. 62. — Bordeaux (1314) V, p. 451. — Peronne (1209) in Layettes n° 897. — Languedoc (1067) II, pr. 260. — Tournan (1193) in Layettes n° 410. — Châtillon (1206, 1371) bei Garnier I, nos 185 u. 196. — Ide (1227) in B. & L. p. 85. — Gigorz (1146) in Cart. de S. Victor de Marseille n° 990, (1235) nos 993, 894. — Turriers (1193) in Cart. de S. Victor de Marseille n° 992. — Cocha de Teles (1040) in Cart de Grenoble n° 46. — Lézar (1050) in Languedoc II, p. 216 n° 195. — Languedoc III, p. 222 (1210). — Riom (1249) in Layettes n° 3755. — BBE. 11. — Cart. de N.-D. de Paris I, 128 (1228). — Beaum. 233, 234, 1642. — Lury (1213) in B. & L. 80 = Bourdot III, 1005. — Beaulieu (960) in Languedoc II, pr. 103, n° 93. — S. Benoist de Paris (1292) bei Viollet III, p. 311.

den Olim[1]) ist im Zweifel der Inhaber der hohen Gerichtsbarkeit auch Inhaber der Kampfgerichtsbarkeit; wer sie neben ihm beansprucht, ist beweispflichtig.

Die Tendenz der Entwicklung des dreizehnten Jahrhunderts geht nun dahin, immer mehr Inhaber hoher Gerichtsbarkeit und immer mehr Inhaber der hohen Kampfgerichtsbarkeit zu schaffen.[2]) Im vierzehnten Jahrhundert und auch schon am Ausgang des dreizehnten Jahrhunderts macht sich eine Gegenströmung geltend, die einerseits zurückgeht auf das Bestreben, den Kampf als Beweismittel abzuschaffen,[3]) andererseits aber, Hand in Hand mit dem Erstarken der königlichen Gewalt, dem Parlament allein die Kampfgerichtsbarkeit zu übertragen.[4]) Beide Bestrebungen finden in der legistischen Theorie ihre Stütze;[5]) im Kampfe für royauté und bourgeoisie gegen Adel und Klerus hat sie folgende Sätze formuliert, die bald geltenden Rechts waren: 1. Toute justice émane du roi,[6]) 2. Fief et justice n'ont rien de commun,[7]) 3. Le roi est le souverain fieffeux du royaume.[8]) Mit der Anerkennung dieser Grundsätze ist die Justizhoheit der kleinen Territorialherren gebrochen und damit ihre Abhängigkeit von der königlichen Gewalt ausgesprochen. Gegen die königliche Gewalt erhob sich dann im ersten Drittel des vierzehnten Jahrhunderts der Adel mit bald größerem, bald geringerem Erfolg, ohne jedoch die Entwicklung im ganzen aufhalten zu können.[9])

---

1) Olim I, 468, IV (1260) und Olim I, 30, XI (1258).

2) Vgl. z. B. S. Germain-des-Prés (1027) Hist. X, 612 — (1154) bei Bouillart p. 89 — (1273) bei Tanon Églises. — Beaumont s. O. (1222 u. 1223) Ord. XII, p. 298 u. 308.

3) Im Süden begann dieser Prozeß schon um die Wende des zwölften Jahrhunderts, während im Norden die Ord. 1260 das früheste Anzeichen dafür ist.

4) Ord. 1306 in Rec. II, p. 831 ff. — Toulouse (1307) in Ord. XII, p. 367. — D'Argentré 566 C. (1404) und 563 F. (1409). — Ein Schritt hierzu wurde auch schon durch die Ord. (1296) in Rec. II, p. 702 und Ord. (1303) in Rec. II, p. 807 gemacht, die ohne Einschränkung die Duelle, während des Krieges des Königs, im ganzen Königreich verbieten.

5) Vgl. Bardoux p. 8.

6) Beaum. 322. — Bardoux p. 8.

7) Olim I, p. 919 (1272). — Et. I, 1. — Bardoux p. 8.

8) Bardoux p. 8.

9) Vgl. Dufayard, la réaction féodale sous les fils de Philippe-le-Bel in Revue historique (1894).

Was nun Holland und Lothringen angeht, so hat dort die Entwicklung einen ganz andern Weg genommen. Kampfgerichtsbarkeit und hohe Gerichtsbarkeit fielen dort nicht zusammen. Nach Bourg de Bruges hatte die Kampfgerichtsbarkeit nur der prinche,[1]) d. h. nach Vredius der Graf von Flandern und der Herzog von Brabant.[2]) Auch das Privilegium, ein champ-clos, zu halten, hatte mit dem Recht der hohen Gerichtsbarkeit nichts gemein, in den Niederlanden bestanden solche in Brügge, Valenciennes, Louvain, Evère bei Brüssel, in Holland in Leyden, Delft, Haag und Haarlem.[3]) In Lothringen war im elften und zwölften Jahrhundert die Kampfgerichtsbarkeit noch ganz so geregelt wie in Frankreich,[4]) um die Mitte des dreizehnten Jahrhunderts wird dann zwischen dem Herzog von Lothringen und dem Grafen von Bar ein Vertrag geschlossen, nach dem die Zweikämpfe zwischen Adeligen in dem Gebiete zwischen Rhein und Maas, abgesehen von denen der Lehensleute des Grafen von Bar und einiger anderer, die der Herzog dem Grafen von Bar teils zu Lehen gibt, teils gemeinsam mit ihm aburteilt, zur alleinigen Gerichtsbarkeit des Herzogs von Lothringen gehören.[5]) Im Jahre 1258 belehnt endlich der König Alfons den Herzog von Lothringen mit der Duellgerichtsbarkeit über die Adeligen in dem Lande zwischen Rhein und Mosel.[6]) Damit hat auch hier die Entwicklung ihren vorläufigen Abschluß gefunden. Gemeinsam ist in allen Quellen, sowohl den französischen, als den lothringischen, als den holländischen, die Tendenz, gegen Ende des dreizehnten Jahrhunderts die Duellgerichtsbarkeit den Händen der kleineren Territorialherren zu entreißen und sie möglichst in die Hände des obersten Gerichtsherrn zu legen; erleichtert wird dies

---

[1]) Bourg de Bruges Leenboek ch. 65.

[2]) Vredius, Historia com. Flandriae I, 474. — Brabantsche Yeesten, Codex diplomaticus, Charte du seigneur de Wesemael I (1237), p. 643 f. bei Proost p. 20.

[3]) Proost p. 21.

[4]) Condé (1135) in Calmet II preuves, p. CCCIII. — Luxemburg (1124) Calmet II pr., p. CCLXXIII. — Luxemburg in Calmet II pr., p. CCLXXI (1123). — Longeville (1121) in Calmet II, p. CCLXVII.

[5]) Calmet II, p. CCCCLIX (1244).

[6]) Calmet II, p. CCCCLXXXI (1258).

Bestreben durch das allmähliche Verschwinden des Kampfes aus dem ordentlichen Verfahren.

V. Nach einer größeren Anzahl von Quellen war die Gerichtsbarkeit in Kampfsachen so geteilt, daß das eine Gericht usque ad vadium den Prozeß leitete, der Kampftermin aber in einem anderen Gerichte stattfand.[1]) Durch den Herrn des Untergerichts werden dann die vadia in Empfang genommen, das Urteil wird gesprochen, die obsides eventuell gestellt und nunmehr Parteien, vadia und obsides dem Herrn des Obergerichts übergeben.[2]) Dieser Akt der Übergabe an das Obergericht konnte aber auch noch in einem späteren Stadium des Verfahrens stattfinden, so kommen in den Quellen denn auch Ausdrücke wie usque ad majora sacramenta[3]) und usque ad duellum,[4]) was allerdings sehr farblos ist, vor.

---

[1]) Rouen, Establissements (1204) art. 31 bei Giry II, 38 und die den Establissements de Rouen folgenden coutumes, also sicher Falaise, Pont-Audemer, wahrscheinlich Alençon, Andelys, Caen, Domfront, Bayeux, Evreux, Fécamp, Montvilliers, Verneuil, ferner außerhalb der Normandie La Rochette, Saintes, Angoulême, Bayonne, Poitiers, Niort, Cognac, Saint Jean d'Angely, îles d'Oléron et Ré; vgl. Giry I, 315. — Dourlens (1202, 1221) in Ord. XI, p. 312. — Abbeville in Layettes 326. — Peronne (1209) in Layettes n° 897, (1207, 1209, 1369) in Ord. V, 159, III. — Chamay (1197) Cart. de Nonnains de Troyes p. 15, n° 12. — Tours, S. Martin (1190) in Layettes n° 371. — S. Maure-sur-Loire (1066) in Marchegay, Anjou I, p. 331. — Bonneval (1265) in Layettes 5068. — Bordeaux, Establissements (circa 1240) art. 49 in Bordeaux p. 292. — Molendinum S. Landerici (1269) in Cart. de N.-D. de Paris III, p. 433. — Viry (1193) in Cart. de N.-D. de Paris I, p. 233. — Ville-roche (1203) in Cart. de N.-D. de Paris I, p. 259. — Sucy en Brie (1112) in Cart. de N.-D. de Paris I, p. 378. — Savigny (1090) in Cart. de Savigny n° 835. — Randans (1121) in Cart. de Savigny n° 906. — Terres de Marnes (1190) in Cart. de N.-D. de Paris I, 80. — Coudres (1215) in Cart. norm. 1112 bei Canel p. 61.

[2]) Viry (1193) in Cart. de N.-D. de Paris I, 133. — S. Maure (1066) in Marchegay, Anjou I, p. 331. — Colombes (1257) in Olim I, 24, v, demnach enthält Ord. XVI p. 323 eine Fälschung (1138, 1464), worauf schon das unrichtige Datum a. I. D. 1138, regni autem nostri IIII, es ist nicht das vierte, schließen läßt, außerdem war Alarin erst 1139 Kanzler geworden.

[3]) Ord. VIII, p. 408 III (1198, 1400) für 4 Dörfer in Bassigny.

[4]) Vetera Rusca (1203) in Cart. de N.-D. de Paris II, 260. — Brab. Yeesten, Codex dipl., Charte du seigneur de Wesemael (1237) t. I, p. 643 bei Proost p. 20.

Diese Art der Verteilung der Gerichtsbarkeit erklärt sich zum Teil daraus, daß der eine Gerichtsherr mit dem fié de terre, der andere mit dem fié de la voeérie belehnt war, dann konnte der erste das plait dou fié de la terre jusqu' à la bataille abhalten; mais il ne porroit pas tenir la bataille por ce qu'il n'i a point de joutise.[1]) Zum Teil erklärt sie sich aus der Einräumung größerer Freiheit an einzelne Gemeinden; wo früher die gesamte Duellgerichtsbarkeit in der Hand des hohen Gerichtsherrn gelegen hatte, wurde nunmehr der betreffenden Gemeinde ein Teil davon verliehen und damit auch die Kampfgerichtsbarkeit usque ad vadium, so z. B. in Beaumont-sur-Oise.[2]) Sicherlich lagen dieser Verteilung die verschiedenartigsten Vorgänge zugrunde, die sich aber heute nicht mehr alle nachweisen lassen.

VI. Wo sich eine mittlere Gerichtsbarkeit ausgebildet hatte, hatte der Inhaber derselben häufig auch die Kampfgerichtsbarkeit in mittleren Sachen,[3]) vorausgesetzt, daß nicht der hohen Gerichtsbarkeit alle Kampfsachen vorbehalten waren. Dabei hat dann der Inhaber der mittleren Gerichtsbarkeit Klagen bis zu 60 s zu entscheiden,[4]) nach manchen Quellen gehört auch die Kognition des Diebstahls zu seiner Gerichtsbarkeit;[5]) jedenfalls unterstehen aber seiner Kognition die leichten Körperverletzungen.[6])

VII. Der Inhaber der niederen Gerichtsbarkeit hat keine Kampfgerichtsbarkeit.[7])

VIII. Häufig ist die Kampfgerichtsbarkeit eine gemeinsame.

---

[1]) T.-A. 104. — Et. I, 115. — Boutaric 45* (1270) für Heronville.

[2]) Beaumont-sur-Oise (1222 u. 1223) in Ord. XII, p. 298 u. 308.

[3]) BBC. 35, vgl. Glosse: bataille. [4]) Livre des Droiz 726.

[5]) Livre des Droiz 427. — BBB. 37. — T.-A. 32. — Et. I, 42. — Établ. norm. p. 30.

[6]) Livre des Droiz 998.

[7]) Beaumont s. o. (1222) in Ord. XII, p. 298, VIII. — Asnières (1223) in Ord. XII, p. 313, VIII. — Chambli (1173, 1222) in Ord. XII, p. 304, XI. — Athys (1207, 1212) in Ord. XI, p. 299, III u. XXX. — Flines (1248) in Cart. de Flines LXXXV. — Bourg de Bruges 73. — Über den Umfang der niederen Gerichtsbarkeit vgl. Livre des Droiz 726.

a) Sie wird von beiden Inhabern gemeinsam ausgeübt.[1])

b) Die Gebühren werden zu gleichen Teilen unter den beiden Inhabern geteilt;[2]) diese Gebührenhälfte wird ausdrücklich gelegentlich als marque de haute domaine bezeichnet.[3])

c) Die Kampfgerichtsbarkeit in nicht dem Inhaber der hohen Gerichtsbarkeit vorbehaltenen Sachen wird vom Unterrichter ausgeübt, während der Oberrichter die Gebühren einzieht und eventuell konfisziert.[4])

d) Eine eigentümliche Form der Beteiligung an der Kampfgerichtsbarkeit bestand in Provins; ein Kampf konnte dort nur mit Zustimmung der marguillers von St. Quiriace stattfinden, die 4 d für die Waffen erhielten, gleichgültig, ob sie sie lieferten oder nicht.[5])

e) Wenn in der Normandie ein Bruch der Trevia Dei im Kampf abgeurteilt wurde, so war der Bischof insofern an der Gerichtsbarkeit beteiligt, als er vorneweg de rebus devicti 9 Pfund als emenda erhielt.[6])

Keine gemeinsame Gerichtsbarkeit, sondern Anspruch auf ein Drittel der Gebühren kraft Vogteirechtes findet sich in Savigny,[7]) wo der Advocatus $^1/_3$, die Mönche $^2/_3$, bzw. $^1/_3$ die Mönche und $^1/_3$ der Presbyter, qui in eadem ecclesia cantaverit, bekamen, hier hatte die Abtei die Gerichtsbarkeit; ebenso ist es in den 7 antiquis potestatibus, quae pertinent ad coquinam

---

[1]) Cambrai (1230) § 2 u. 27. — Amiens (XIII) bei Thierry I, p. 138. — Châtillon (1206) in Garnier I, n° 185.

[2]) Preully (1177) bei Bourdot III, p. 1002. — S. Pierre-le-Moutier in Olim I, 494, XII (1261), in Boutaric (1261) n° 523 und Boutaric (1267) n° 1119. — S. Pierre de Bourges in Olim I, 167 (1267). — Randans (1121) in cart. de Savigny n° 906. — Quimper (XII) bei Morice I, 376. — Vgl. Lobineau I, 204 und II, 102. — Corbie (1297, 1308) in Thierry III.

[3]) Languedoc II, 185 (1043).

[4]) Fîmes (1227) in Layettes n° 1913. — Escueil (1229) in Layettes n° 2017. — Provins (1230) in Layettes n° 2075. — Troyes (1230) in Boutiot, Troyes I, p. 323. — S. Memmie (1231) in Layettes n° 2134. — Châtillon et Dormans (1231) in Layettes n° 2153. — S. Florentin (1231) in Layettes n° 2170.

[5]) Provins (1176) in Jubainville III, p. 162 n° 252.

[6]) Bessin I, 81 c und 99 (1137 und 1190).

[7]) St. Moritz in Savigny in Cart. de Savigny (1090) n° 835.

episcopi,[1]) hier ist die Gerichtsbarkeit zwischen Bischof und Schöffen geteilt; der Graf erhält als advocatus ein Drittel. Dasselbe gilt von Tours, wo der Seneschall im Jahre 1285 das Vogteirecht geltend macht; ebenso ist es in Longeville, Luxembourg, Saint-Michel.[2])

IX. Wenn die Parteien verschiedenen Inhabern der hohen Gerichtsbarkeit angehören, so sind folgende Möglichkeiten der Regelung gegeben:

a) Der Gerichtsherr hat die Gerichtsbarkeit, wo das bellum presentatum fuerit.[3])

b) Das Gericht für gemeinsame Untertanen ist im voraus bestimmt; beide Gerichtsherren wirken im Kampftermin mit und jeder bekommt seinen Besiegten heraus.[4])

c) Die Gerichtsbarkeit ist nach Materien geteilt.[5])

X. Gerichtszwang besteht ursprünglich im Kampfprozeß ebensogut wie in jeder anderen Verfahrensart; mit dem Eindringen des Inquisitionsprozesses hört er im Süden schon zu Beginn des dreizehnten Jahrhunderts auf; 1258 schafft ihn Ludwig der Heilige für seine Domänen ab; wenn er auch nach seinem Tode da wiederauflebte, so wurde er doch für eine große Anzahl von Gemeinden durch Privilegien aufgehoben,[6]) wo er nicht unter dem Einfluß des neuen Verfahrens de suetudine abgeschafft wird.

XI. Nach Beaumanoir[7]) können Bagatellsachen durch den Einzelrichter erledigt werden; aber zweifelhafte und grosses querelles doivent bien estre mises en jugement; so finden wir denn auch in Kampfsachen stets mehrere Urteiler, z. B.:

---

[1]) Benoît, Toul (1069) p. LXXXVII.

[2]) Olim II, 251, XII (1285). — Vgl. auch Boutaric 595* und 874* für den Seneschall von Anjou (1286). — Calmet: für Longeville (1121) CCLXVII, Luxembourg (1123 u. 1124) CCLXXI u. CCLXXIII, Saint-Michel (1135) CCCIII.

[3]) Loches (1367, 1463) in Ord. XVI, 68.

[4]) Fay (1197) in Cart. de Nonnains de Troyes p. 15 n° 12. — Vitré (1213) bei Lobineau I, 200.

[5]) Paris (1222), Vertrag zwischen König und Erzbischof, in Layettes n° 1554.

[6]) Vgl. oben § 7, IV, p. 32.

[7]) Beaum. 31.

3 Urteiler in Talmond (1094) und im Livre des Droiz (mindestens 3),[1])

4 Urteiler in Talmond (1074/78), Talmond (1095) und in Carcassonne (1070),[2])

5 Richter im Parlament,[3])

7 Urteiler in Talmond (1095)[4]) und Gr. coust. norm.,[4])

12 Urteiler in Viol, eine Zahl, die häufig in den Epen wiederkehrt.[5])

Ist das Gericht nicht vollzählig besetzt, so muß der Kläger Vertagung gestatten.[6])

XII. Der Gerichtshof bestand noch im dreizehnten Jahrhundert nur aus den Vasallen des Gerichtsherrn. Diese Urteiler hatten das Urteil zu finden; irgendwelchen Einfluß auf das Urteil hatte der Gerichtsherr nicht. Gegen die Urteiler bestand ein umfangreiches Ablehnungsrecht. Ablehnungsgründe waren: Fehde oder Grund zur Fehde mit dem Urteiler,[7]) Interesse und Befangenheit des Urteilers,[8]) geistlicher Stand und Minderjährigkeit der Urteiler, weil ihr Urteil nicht gescholten werden kann,[9]) Schwachsinn und andere Gedächtnisschwäche,[9]) weil das durchaus mündliche Verfahren ein gutes Gedächtnis erforderte. Das Ablehnungsrecht steht nach den Assisses de Jérusalem, der court, dem seignor und den Parteien zu.[10]) Die Ablehnung hat vor dem Urteil zu erfolgen.[11])

Unregelmäßigkeiten in der Prozedur, z. B. mangelhafte Durchführung der herkömmlichen Kampfregeln,[12]) ahndet das Obergericht; bei faus jugement hat das Gericht den Schaden zu ersetzen.[13])

XIII. Der Gerichtsherr oder sein Stellvertreter hat das Recht der Berufung des Gericht und der Leitung der Ver-

---

[1]) Talmond (1094) in Cart. de Talmond n° 58. — Livre des Droiz 448.

[2]) Talmond (1074/8, 1095) in Cart. de Talmond nos 51 u. 60. — Carcassone (1070), Languedoc II, p. 2, 272 n° 248.

[3]) Z. B. Olim II, p. 85, xxxv (1277).

[4]) Talmond (1095) in Cart. de Talmond n° 96. — Gr. coust. norm. ch. 105.

[5]) Viol. 5375. [6]) Antioche HC. ch. 12, p. 34.

[7]) Beaum. 1872. [8]) Beaum. 1873. [9]) Beaum. 1874.

[10]) Jérusalem HC. Phil. de Navarre ch. 28, p. 502. [11]) Beaum. 1871.

[12]) Échiquier (1184) bei Canel p. 85. [13]) Beaum. 1861.

handlung;[1]) an der Urteilsfindung nimmt er nicht teil, wohl aber steht ihm die Urteilsverkündigung zu;[2]) in seinem Namen wird der Kampf überwacht, er läßt die Strafen vollstrecken,[3]) und ihm fließen die Einkünfte aus der Kampfgerichtsbarkeit zu.

Ein Recht der Vertagung hatte der Gerichtsherr im früheren Recht nicht;[4]) wohl aber übt er ein solches seit Ende des dreizehnten Jahrhunderts in jedem Stadium des Verfahrens aus.[5])

Im früheren Recht hatte der Gerichtsherr nur die Befugnis, einen Vergleichsvorschlag zu machen oder zu einem solchen aufzufordern; seit der Mitte des dreizehnten Jahrhunderts bildet sich das Recht, daß der Gerichtsherr unabhängig von dem Willen der Parteien Frieden gebieten kann.[6]) Im älteren Rechte war allerdings der Friede, wenigstens im Kampftermin, auch schon an die Zustimmung des Gerichtsherrn gebunden.[7])

In der Übergangszeit bestimmt der Gerichtsherr, ob Kampfprozeß oder ob die neue Prozedur angewandt wird. Nach Beaumanoir hat er dies Recht allerdings nur im Mobiliar- und Immobiliarprozeß.[8]) Ist aber die Verhandlung durch kämpfliche Klage begonnen, so kann nur durch einen Vertrag der beiden Parteien, aber nicht mehr durch den Willen des Gerichtsherrn die neue Verfahrensart zur Anwendung gelangen.[9])

XIV. Einen Instanzenzug gibt es ursprünglich im Kampfrecht nicht, das Urteil ist, wenn es nicht gescholten wird, unabänderlich; unter dem Einfluß der Ordonnance von 1260 bildet sich eine Art Appellation aus;[10]) diese Einrichtung fand bald in

---

[1]) Viol. 5370. — Rol. 3750. — Roncev. 417.

[2]) Gayd. 6122. — Beaum. 1883. [3]) Jérusalem HC., Clef ch. 44, p. 582.

[4]) Gayd. 6025ff. u. 6053ff. — Vgl. Beaum. 1835. Dort haben es die Urteiler mit dem Gerichtsherrn.

[5]) Ord. 1306 in Rec. II, p. 836ff. — Quesnay (1405) bei de Croos p. 157.

[6]) Z. B. Gisors (1293) in Languedoc IV, 68.

[7]) Beaum. 1758. [8]) Beaum. 1722. — Cf. Ducourdray p. 390.

[9]) Beaum. 1723.

[10]) Ord. 1260, art. 8 in Rec. I, p. 288. — Glasson VI, p. 534 note 1, vermutet, daß dieses Recht schon früher bestanden habe, ohne jedoch Belege dafür anzuführen. — Erstmals in Olim I, 200, x (1264).

ganz Frankreich großen Anklang;[1]) die Appellation ging seit dem vierzehnten Jahrhundert stets an das Parlament. Diese Appellation verdrängt dann die Urteilschelte aus dem französischen Recht.[2])

XV. Der Gerichtsstand in Kampfsachen richtet sich nach den allgemeinen Regeln über die Zuständigkeit der Gerichte, jedoch mit der Maßgabe, daß nur Gerichte, die Kampfgerichtsbarkeit haben, in einer Kampfsache tätig werden können:

a) Im Mobiliarprozeß war das Gericht des Ortes zuständig, wo der Beklagte couchant et levant war.[3])

b) In dinglichen Sachen war das forum rei sitae ausschließlich zuständig.[4])

c) In Strafsachen bestanden zwei konkurrierende Gerichtsstände, nämlich

1. wie in allen persönlichen Klagen das Gericht des Ortes, wo der Täter couchant et levant war,[5]) und
2. das Gericht des Ortes der Ergreifung.[6])

d) In Lehenssachen entscheidet bei Streitigkeiten zwischen Herrn und Mann das Gericht des Oberlehnsherrn;[7]) hängt der Herr von keinem andern ab, dann entscheidet la cort le Roy, oder der Herr benennt das Königsgericht und das Gericht zweier anderer Herren, und der Mann wählt eines von den dreien.[8])

---

[1]) Fontaines ch. 22 n° 23, p. 304 für Vermandois, ch. 22 n° 24, p. 305 für Ponthieu, dies waren die ersten Fälle, die aus de Fontaines' Heimat zur Appellation ans Parlament gebracht wurden. — Clermont (Auv.) (1306) in Olim II, 485, VI. — Toulouse (1308) in Languedoc IV, 555 = Olim II, 496, VIII. — Brieuc (1312) in Olim III², 679, XLV. — Amiens (1318) in Boutaric n° 5579. — Périgord (1330) Coll. Lamoignon. Reg. crim. vol. 324, p. 500. — Rodez (1343) Coll. Lamoignon. Reg. crim. vol. 324, p. 503. — Maine (1372) Coll. Lamoignon. Reg. crim. vol. 325, p. 2477. — Meaux (1383) Coll. Lamoignon. Reg. crim. vol. 326 p. 3069, vgl. dazu Ducoudray 397. — Carrouge·|·Legris (1386), vgl. Canel p. 127 ff.

[2]) Ord. 1306. Rec. II, p. 834 n° 5.

[3]) Beaum. 214. — S. Nicol. Angers in Layettes n° 65 (1136).

[4]) Livre des Droiz I, 199.

[5]) S. Nicol. Anjou in Layettes n° 65 (1136).

[6]) Beaum. 214. — Châtelet § 43, vgl. dazu Mortet p. 58 nota 5. — Jérusalem HC. Jean d'Ibelin ch. 86, p. 138.

[7]) BBB. 47. — T.-A. 39. — Et. I, 49.

[8]) BBB. 47. — T.-A. 39. — Et. I, 49. — BBC. 43.

In den Epen werden die Streitigkeiten der großen Vasallen stets durch ein ad hoc berufenes Pairsgericht erledigt.[1])

Vereinzelt finden sich auch Spezialgerichte für die Kampfsachen der hommes liges.[2])

Endlich findet sich gelegentlich ein vereinbarter Kampfgerichtsstand für Adelige.[3])

---

[1]) Z. B. Gar. Loh. I, 284, 7 ff., vgl. dazu Pfeffer p. 12. — Livre des Droiz 448.

[2]) Châtillon (1371) art. 68 u. 56 in Garnier I, n° 196.

[3]) Z. B. Carcassonne (1070) in Languedoc II, p. 274 n° 248 — nicht aber für vilain, vgl. Fontaines 28, 7.

Viertes Kapitel.

Das Verfahren bis zum Kampftermin.

§ 16.

1. Die Ladung.

Die Einzelbestimmungen über die Ladung zu erörtern erübrigt, da der Kampfprozeß hierin fast keine Besonderheiten bietet.[1])

Im Gebiete des französischen Rechts kann die Klage zunächst formlos vorgetragen werden, um dadurch die Ladung zu veranlassen.[2]) Nach Beaumanoir kann die Ladung unterbleiben, falls der Gegner im Gericht anwesend ist und gegen die sofortige Verhandlung nichts einwendet;[3]) nach den Stilles de Bourgogne ist in Kampfsachen jeder gehalten, sofort ohne Ladung zu antworten, mais lon lui donne un dilay pour avoir ses amis;[4]) während er sich hier aber zur Sache äußern muß, braucht er das nach Beaumanoir nicht.[5]) Nach dem bretonischen Recht muß der Forderer faire fin porter de tous ceux de la Duché ô qu'il en peut appartenir et donner pleges de ceux de dehors.[5]) Nach Gallus endlich ist die Ladung unbedingt erforderlich; der Forderer muß diem habere gegen den Geforderten, sonst ist die projectio vadii ungültig.[6])

---

[1]) Vgl. über das Nähere Tardif, Procédure p. 142.

[2]) Vgl. Viol. 6175 u. 6183—6192. — Antioche HC. ch. 12, p. 32 — anders Bourg de Bruges 65.

[3]) Beaum. 923 u. 924.

[4]) Stilles Bourg. 261.

[5]) Bretagne ch. 130 u. 131.

[6]) Gallus qu. 89.

§ 17.

2. Die Klage.

I. Das kampfrechtliche Klageverfahren wird von folgenden Grundsätzen beherrscht: es ist öffentlich, es ist mündlich,[1]) es ist formal, es herrscht Selbstbetrieb der Parteien, es beruht auf der Verhandlungsmaxime.

II. Kläger ist der Verletzte oder der plus prochain du lignaige; eine Ausnahme von diesem Grundsatz läßt das orientalische Recht zugunsten der Pilger zu: bei murtre aparant kann jeder Landsmann eines Pilgers für ihn die kämpfliche Klage erheben.[2])

III. Die Parteien konnten sich jederzeit eines Vorsprechers bedienen,[3]) nach manchen Rechten bestand sogar ein Vorsprecherzwang;[4]) der Vorsprecher ist nur ein Vertreter im Wort, d. h. er ist formell nur berechtigt zu sagen, was die Partei gesagt wissen will, daher hat die Partei das Recht der Erholung;[5]) nach dem Recht von Cambrai müssen sich die Parteien ausdrücklich mit dem vom Vorsprecher Gesagten einverstanden erklären.[6]) Der Vorsprecher hat seine Rede in gewählten Worten zum Vortrag zu bringen, zu Beginn derselben wird er vom Richter ausdrücklich darauf aufmerksam gemacht.[7])

IV. Die Klage ist in ihren wesentlichen Bestandteilen formal, nur in einzelnen weniger wichtigen Teilen derselben darf sich der Kläger der schlichten Rede bedienen; im letzteren Falle steht er unter der Herrschaft der Wortinterpretation, im

---

[1]) Im späteren Kampfrecht auch schriftlich, nachdem in der Übergangszeit nach der Ord. 1306, Rec. II, p. 834 und 835 zunächst die mündlich vorgetragenen Protestationen nachträglich noch schriftlich dem Gericht überreicht wurden.

[2]) Jérusalem HC. Jean d'Ibelin ch. 82, p. 130; Philippe de Navarre ch. 15, p. 490.

[3]) z. B. Amiens (1190, 1209) art. 33 bei Thierry I, p. 185.

[4]) Vgl. hierüber Brunner, Forschungen VII, p. 389 u. VI, p. 361.

[5]) Vgl. hierüber Brunner, Forschungen VI D, p. 362—384.

[6]) Cambrai (1230), § 6. [7]) Stylus p. 28.

ersteren ist er dem rechtlichen Zwang der Form unterworfen.[1]) Versieht sich die Partei selbst in der Form, so ist die Handlung für sie selbst wirkungslos, sie darf sie aber auch nicht wiederholen; es gilt hier der Grundsatz: Fautes valent exploits.[2]) Noch ein anderer Grundsatz war dazu angetan, die Bewegungsfreiheit der Parteien aufs strengste einzuengen: der Grundsatz der Umwandelbarkeit des Wortes.[3]) Einzelne coutumes gestatten jedoch schon früh den Vorbehalt des amendement auch für die eigene Rede.[4])

Die kämpflichen Klagen sind verschieden je nach dem im einzelnen Falle geltendgemachten materiellen Rechte; aber häufig haben die einzelnen Tatbestände mit ganz bestimmten Worten oder Redewendungen zum Vortrag zu kommen. Stereotyp ist in den einzelnen coutumes bei jeder Kampfklage die Formel des Beweisangebots.

V. Die Klage enthält folgende drei notwendigen Bestandteile:

1. einen summarischen Vortrag der tatsächlichen Grundlagen des Klagbegehrens,

2. die Namen der Parteien,

3. das Beweisangebot.

VI. Für den Vortrag der klagbegründenden Tatsachen bestehen, abgesehen von den sub IV erörterten Grundsätzen, noch manche Vorschriften:

a) Im Gegensatz zum modernen Rechte mußte der Kläger den materiellen Klaganspruch ausdrücklich bezeichnen: z. B. bei Mordklage: il a murtri;[5]) sagt der Kläger nicht murtri oder murtre, sondern z. B. celui qu'il a appellé dona le cop dont celui qui là gist reçut mort, so braucht der Beklagte den kämpflichen Gruß nicht anzunehmen, denn es handelt sich um keine „Mordklage," er kann vielmehr sagen: „Non place à Dieu!

---

1) Vgl. Brunner, Forschungen VI 1, p. 266ff. u. 2, p. 272ff.

2) Vgl. Brunner, Forschungen VI 2, p. 275.

3) Vgl. darüber Brunner, Forschungen VI 3, p. 276ff.

4) Ancien Bourg. ch. 1 bei Brunner, Forschungen VI, p. 371.

5) Jérusalem HC. Jacques d'Ibelin p. 486, ch. 13.

und daß er bereit ist sich zu verteidigen tout ausi come la court esgardera; in diesem Falle muß dann der Kläger, um zum kämpflichen Austrag zu gelangen, den Beweis durch garens anbieten. Nach Jost. et Plet ist es bei der Mordklage erforderlich de dire la parole par quoi li murtre i soit, d. h. er muß eine der herkömmlichen, den Tatbestand konstituierenden Tatsachen im Klagvortrag anführen, also nuit atrée oder en trives oder au agait de chemin oder en menière que il ne voie le cop venir;[1]) sagt er bloß qu'il ocist, et li dona le cop don il prist mort, so braucht der andere nicht zu antworten auf die Klage wegen Mords, er hat sich vielmehr nur wegen Totschlags zu verantworten, da eine Tatsache, die auf Verrat hindeutete, nicht erwähnt ist, der Totschlag aber nur in Verbindung mit Verrat zum Mord wird.[2])

Nach den Jost. et Plet ist nach manchen Klagen erforderlich: i metre le voir et le savoir, d. h. die Behauptung, daß er die Tat gesehen oder den Täter im Besitz der Sache weiß. Beim Totschlag muß das voir behauptet werden,[3]) bei der roberie aperte, nicht aber bei der reposte, voir und savoir;[4]) dagegen erfordert die Mords-, Verrats- und Diebstahlsklage, entsprechend der Konstruktion als eines Verbrechens, das ungesehen geschieht, diese Behauptung nicht.[5])

b) Nach dem orientalischen Recht muß der Kläger bei der Mordklage den Leichnam des Ermordeten entweder devant l'ostel dou seignor oder el leuc qui est establi que l'on porte les murtris bringen lassen und den Gerichtsherrn bitten, durch Augenschein feststellen zu lassen, daß der Ermordete so und so viele Schläge erhalten hat. Erst nachdem der Augenschein durch drei Männer vorgenommen ist, kann die Klage rechtsgültig vorgetragen werden.[6]) Dieser Augenschein findet sich auch im abendländischen Recht, und zwar außer bei Mord[7])

---

[1]) Jost. et Plet p. 289 IV, § 1. — Vgl. auch p. 292 X, § 3 (roberie).

[2]) Jost. et Plet p. 290 VI.

[3]) Jost. et Plet p. 289.

[4]) Jost. et Plet p. 293.

[5]) Jost. et Plet. p. 288.

[6]) Jérusalem HC. p. 134 und p. 486.

[7]) BBF. 139. — Gr. coust. Norm. ch. 64. — Et. II, 12. — Usage Orlén. 10.

auch bei Totschlag in Notwehr,[1]) bei Verrat,[2]) und Notzucht;[3]) bei diesen Klagen hat stets eine visio darüber stattzufinden, ob eine Körperverletzung vorliegt oder nicht; liegt keine vor, so fällt der Beweisführer mit seinem Vorbringen, da es der Klage an einem materiellen Tatbestandsmerkmal fehlt und parole ne fait pas bataille.[4])

c) Nach normannischem Recht mußte jede Klage in Kapitalsachen die Klausel cum felonia in pace Dei et ducis enthalten; der Mangel dieser Klausel machte den Kläger sachfällig.[5])

VII. Die Namen der Parteien mußten in der Klage genau bezeichnet sein.[6])

VIII. Die Klage enthielt notwendig ein formelles Beweisangebot des Klägers, das meist in der Alternative, wenn Beklagter gestehe, solle er verurteilt werden, wenn er aber leugne, sei Kläger bereit mit seinem Leib gegen den des Beklagten zu beweisen,[7]) formuliert war. Das Beweisangebot konnte aber auch unbestimmter gefaßt sein, z. B.: je l'offre a prover ensi comme la corz esgardera.[8]) Im Kampfprozeß genügte es aber auch, wenn der Beweisführer nur sagte: très bien le prouverons,

---

[1]) T.-A. 20. — Et. I, 42. — BBB. 25. — BBC. 23. — Abrégé Champ. 134. — Der Beklagte wird hier durch die Behauptung, daß der Getötete ihn zuerst geschlagen hat, frei, falls er die Wunde vorzeigt und nicht einer von der lignage behauptet, daß der Getötete ihm commandement et avouerie gegeben, de derener envers li (den Beklagten).

[2]) Et. II, 35. — Usage Orlén, 35. — Gr. coust. Norm. 76.

[3]) BBF. 1302, 139. — Gr. coust. Norm. ch. 64. — cf. Houard p. 268.

[4]) Jost. et Plet p. 295. —; eine derartige visio findet auch bei Zivilsachen, häufig in einem besonderen Termin, statt; ich muß mich jedoch hier auf diese Andeutungen beschränken.

[5]) Vgl. hierüber Brunner, Forschungen VI, p. 308, und außer den dort angeführten Quellen Gr. coust. Norm. ch. 76, 68.

[6]) Vgl. hierüber Brunner, Forschungen VI, p. 293ff.

[7]) z. B. Jost. et Plet p. 288, 289. — Beaum. 1711. — Stylus p. 28, rubr. sequitur conclusio actoris. — Stilles Bourg. 273. — Châtelet 43. — Jérusalem HC. p. 139. Jean d'Ibelin ch. 87 und häufig. — Viol. 6241 ff. — Ähnlich Gr. coust. Norm. ch. 76. — Roncev. 410. — Huon 1393.

[8]) z. B. BBB. 128. — T.-A. 111. — Et. I, 122. — Usage Orlén. 10. — Abrégé Champ. 146.

und im Anschluß daran sein Pfand reichte;[1]) denn dann war kein Zweifel über die Art des Beweises.[2]) War das Beweisangebot unbestimmt, so war es nach dem Rechte von Reims dem Beweisführer anheimgegeben, die Form späterhin noch zu wählen,[3]) während nach normannischem Recht bei unbestimmtem Beweisangebot und Mangel jeglicher anderer Beweismittel das Gericht die Art des Gottesurteils bestimmte.[4])

IX. Fehlte eines der vorgenannten Erfordernisse im Klagbegehren, so wurde der Beklagte auf immer von der Klage freigesprochen unter Anwendung der Regel: fautes valent exploits; eine neue verbesserte Klage konnte der Kläger nicht mehr einbringen, nachdem der Beklagte auf seine Rüge des klägerischen Fehlers hin freigesprochen war.[5])

X. Im Anschluß an das Beweisangebot[6]) trägt der Kläger seine Verwahrungen (protestations) und Vorbehalte (retenues) vor. Nach einigen Quellen gehen denselben noch Requisitionen vorher.

a) In den Requisitionen verlangt der Kläger

1. partie de champ,[7])
2. partie de vent,[8])
3. partie de souloir,[9])
4. partie de tont ce qui puet ai dier en tel cas.[10])

Nach einer Hennegauer Urkunde von 1339 verlangte man in den requestes: marescal, ouvriers, pain, vin, seil, fier, claux,

[1]) Gayd. 5699. — Brunner, Forschungen VI, p. 309, hält dies jedoch nicht für ausreichend bei einer Kampfklage. Vgl. dagegen die Quellen der Noten 3 u. 4. — Vgl. jedoch auch Gr. coust. Norm. ch. 68.

[2]) Ein Beispiel strengster Wortinterpretation des Beweisangebotes findet sich im Huon 1406, 1420, 1708.

[3]) Reims (1248) art. 16, bei Varin R. législ. I, p. 37.

[4]) Bessin I, p. 210 (1213), vgl. dazu Canel p. 96.

[5]) Vgl. Brunner, Forschungen VI, p. 310 und Olim I, p. 470, VI (1260).

[6]) Stilles Bourg. 273. — Stylus p. 28.

[7]) Stylus p. 29. — Stilles Bourg. 279. — Artois 41, 3. — Regl. Ord. 1306 in Rec. II, 838.

[8]) Regl. Ord. 1306. Rec. II, 838. — Stilles Bourg. 279. — Bourg de Bruges 68.

[9]) Regl. Ord. 1306, Rec. II, 838. — Stilles Bourg. 279. — Artois 41, 3. — Bourg de Bruges 68.

[10]) Stilles Bourg. 279. — Artois 41, 3. — Regl. Ord. 1306 in Rec. II, 838.

poinchons, einwillettes, lanières, treches et tout autres choses à luy et à son cheval necessaires pour lui servir en tout ou camp deschi adont qu'il sera heure de dire: „Faites vos devoirs.“[1]) Kurz, in den Requisitionen wird vom Gerichtsherrn verlangt, daß er das tun und beschaffen läßt, was er zu einem ordnungsmäßigen Kampf zu leisten hat.

b) Für die Verwahrungen und Vorbehalte hat sich wohl erst in späterer Zeit eine längere und ausführlichere Formel ausgebildet. In früherer Zeit bediente man sich regelmäßig einer kürzeren Formel, die mit einer Generalklausel schloß; diese kürzere Formel wird auch in den späteren Quellen noch neben der längeren mitgeteilt.

In der kürzeren Formel findet sich vor allem der ausdrückliche Vorbehalt der Waffen;[2]) man hat wohl deshalb besonderen Wert auf die Betonung der Waffen gelegt, weil man mangels dieses Vorbehalts den Ritter ohne Waffe kämpfen ließ; noch zu Du Breuils Zeiten ist es jedenfalls streitig, ob eine ausdrückliche retenua de armis zu machen ist; er meint zwar, die consuetudo gallicana gehe dahin, jeden in standesgemäßen Waffen kämpfen zu lassen, fügt aber vorsichtigerweise hinzu, sed tamen consilium est ut nihil ommittat.[3])

Daneben findet sich in den kürzeren Formularen noch ein Vorbehalt des Pferdes,[4]) eines conseil,[5]) d'appareil[6]) und zum Schluß eine Generalklausel, in der alle andern nötigen und angebrachten Dinge im Feld und beim Kampfespfand entsprechend dem Stande der Partei vorbehalten werden.[7])

---

[1]) Vgl. Proost p. 84.

[2]) Amiens (XIII) bei Thierry I, p. 138. — Amiens (1249) art. 59 bei Thierry I. — Beaum. 1834. — Châtelet 42, 43. — Stilles Bourg. 273. — Regl. Ord. 1306 in Rec. II, p. 834.

[3]) Stylus p. 27. — Vgl. Collect. Lamoignon Reg. crim. vol. 324, p. 582/3 (1341/2). — Stilles Bourg. 265.

[4]) Stilles Bourg. 273. — Regl. Ord. 1306 in Rec. II, p. 834.

[5]) Beaum. 1834. — Regl. Ord. 1306 in Rec. II, p. 834.

[6]) Amiens (1249) art. 59 bei Thierry I.

[7]) Amiens (1249) art. 59 bei Thierry I. — Amiens (XIII) bei Thierry I, p. 138. — Beaum. 1834. — Stilles Bourg. 273. — Artois 41, 3.

Die ausführlichere Formel, die sich mit dem Brauch, nach dem mündlichen Vortrag die Vorbehalte schriftlich dem Gerichtsherrn zu überreichen, ausbildet,[1]) enthält alle nur denkbaren Vorbehalte; je jünger die Quelle ist, um so größer ist die Zahl der protestacions et retenues für den ritterlichen Zweikampf.

Der Inhalt dieser späteren Formulare war folgender:[2])

1. Der Kläger verwahrt sich und behält sich vor, tant pour lui comme pour son advouhe de a voir son advouhe a toutes fois que le cas le requerra et lieu et temps sera, ou quil auroit leaul essoigne tant pour lui comme pour son cheveau et ses armures;[3])

2. er verwahrt sich de changier et de muer chevau et armures tant pour lui comme pour son chevau et comme pour son advouhe et son chevau;[4])

3. de descendre et de monter, de restraindre, d'eslargir[4]) ou laichier son chevau, et de haulcier et avaler sa visière toutefois que mestier sera et il lui plaira;

4. de combatre a pie ou a chevau et de soy aidier de toutes ses armes et de chacune d'icelles et de laissier celles quil avoit prises ou doit prenre premierement et de prenre aultres et en apres reprenre celles quil avoit premierement laissies ou aultres et de toutes les choses dessus dictes et de chacune d'icelles faire lui ou son advouhe touttefoys et quanteffoys quil lui plaira et que Dieux lui donnera laisement du faire;[5])

5. er verwahrt sich, que si li diz telz pourtoit autres armes en champ qui ne devroit ou pourroit pourter par la coustume

---

[1]) Seit Anfang des vierzehnten Jahrhunderts. Vgl. z. B. Regl. Ord. 1306 in Rec. II, p. 834.

[2]) Im folgenden teile ich das Formular aus den Stilles Bourg. 279 mit und füge in den Noten die Parallelen bei.

[3]) In den früheren Quellen wird der Vorbehalt eines Kämpfen regelmäßig mit dem Beweisangebot zusammen gemacht; z. B. je le vueil prouver de mon cors contre le sien ou par homme qui le puist et doie pour moi, comme cil qui a essoine. Beaum., 1711.

[4]) Stylus p. 29. — Vgl. BBF. 1300.

[5]) Stylus p. 29/30. — Ähnlich Ord. 1306 in Rec. II, p. 838.

de France, que icelles lui soient ostees et que en lieu d'icelles nulles autres armes nait ne puisse avoir;[1])

6. se il avoit armes forgiez par maulvais art ou par invocacion d'ennemis, que chose quil en face ne lui profitoit et ne nuyse au dict tel. Et vous requiert que sur ce point especial vous li faites jurer;[2])

7. que ou cas que le dit tel ne venira en champ dedeans leure dehue quil ne soit plus receus en champ, mais soit tenus pour convaincus;[3])

8. que sil plaisoit a Dieu quil ne peust desconfire ne convoincre son adversaire de jour, quil puisse continuer sa bataille du jour au lendemain ou a tel jour comme la court ordonnera;[4])

9. fait expresse protestacion de dire et davoir tous les autres guarends qui sont necessaires a gentilhomme, en tel cas ou pourroit estre en tel besoing, et davoir a boire et a manger pour lui et pour son chevau, se besoing et mestier en avoit;[5])

10. fait expresse protestacion en general et especial retenue que toute les choses dessus dites lui baillent et prouffittent et a son advouhe autant comme se il de chacune chose a lui ou a son advouhe necessaire prouffitable et convenable en tel cas faiçoit especialle protestacion divisément ou particulierement.[6])

---

1) Stylus p. 30. — Ähnlich Ord. 1306 in Rec. II, p. 838.

2) Ähnlich Ord. 1306 in Rec. II, 839. — Vgl. unten § 35.

3) Ähnlich Ord. 1306 in Rec. II, p. 839.

4) Regl. Ord. 1306 in Rec. II, p. 839. — Stylus p. 30.

5) Stylus p. 30. Dort auch das passendere: garnemens statt guarends, was hier eigentlich nicht paßt. — Ähnlich Ord. 1306, p. 839, Rec. II. — Vgl. BBF. 1300.

6) Ähnlich Stylus p. 30. — Alle drei Formulare berücksichtigen nur den ritterlichen Zweikampf, der sich in dieser Form frühestens im letzten Drittel des dreizehnten Jahrhunderts ausgebildet hat (Foix ·|· Armagnac, Karl v. Anjou usw.) Wenn Ducoudray p. 394 nota 4 meint, das Reglement zur Ord. 1306 sei wahrscheinlich die alte Verfahrensart, an die man sich erinnerte und die man damals wieder zu Ehren brachte, so irrt er; es ist keinesfalls vor der Ord. v. 1260 entstanden (Stellung des Gerichtsherrn), es spiegelt vielmehr den Stand der Entwicklung um die Wende des XIV. Jahrhunderts und wird im zweiten Teil der Stilles Bourg. als Vorlage benutzt.

Anders lautet die längere Formel, die Beaumanoir mitteilt; sie berücksichtigt im Gegensatz zu der vorhergehenden nur den Fußkampf der bürgerlichen Parteien. Der Kläger se presente[1]) par amendement d'armes et de conseil; d'estraindre et d'alaschier; de oindre et de rooignier; de fil et d'aguille; de remuement d'armes, qu'il en puist oster se trop en i a, et prendre se poi en i a; de changier escu et baston, se mestier li est; de prendre autre avoué que celi qu'il presente avec li, s'il li plest; et de toutes autres choses que l'en puet et doit retenir par la coustume de la court de ceens, dusques au point de la bataille. Et se li jours de ui estoit alongiés par volenté de court ou par assentement de parties ou en autres manières, si retient il a l'autre jour toutes les choses dessus dites et toutes manières d'amendemens.[2])

Diese Vorbehalte sind dazu bestimmt, die Modalitäten des konkreten Kampfes näher zu bezeichnen; werden sie vom Kläger nicht hinzugesetzt, so sagt er in seinem Beweisangebot nur, daß er mit seinem Leib gegen den Leib des Gegners beweisen werde, d. h. daß er nur mit seiner eigenen Kraft, also ohne Stock und Schild, kämpfen werde, ohne von den ihm zustehenden Erleichterungen Gebrauch zu machen; denn hier macht sich der Grundsatz der strengen Wortinterpretation nach seiner negativen Seite hin geltend; mag der Kläger immerhin sich die ihm gewohnheitsrechtlich zustehenden Erleichterungen beim Kampfe haben verschaffen wollen; wenn er es nicht ausdrücklich gesagt hat, existiert sein Wille rechtlich nicht. Hieraus erklärt sich aber auch, weshalb die Vorbehalte im engsten Anschluß an das Beweisangebot vorgetragen werden müssen; sie sind eben ein Teil des Beweisangebotes selbst.

Es möge erlaubt sein, hier noch auf einige Einzelheiten hinzuweisen:

---

[1]) Die Einleitung dieser Formel weißt zwar auf den Vortrag im Präsentations-Termin hin, dieser Vortrag unterscheidet sich aber in keiner Weise von dem Vortrage im Klagetermin.

[2]) Beaum. 1835 — eine Formel, die Fuß- und Reiterkampf vermengt, in Artois 41, 3.

a) In Kapitalsachen wird der Beweis normalerweise durch die Tötung des Gegners erbracht; wie unten [1]) zu zeigen sein wird, genügt aber auch schon das Geständnis des Gegners. Demgemäß kann der Kläger im Beweisangebot sich erbieten, den Beklagten zu rendre mort ou recréant; [2]) hierbei ist aber zu beachten, daß ein *et* statt *ou* den Kläger nach dem Grundsatz der Wortinterpretation ad vincendum et interficiendum verpflichtet. Diese Klausel erscheint, obwohl sie ihrer Natur nach ein Vorbehalt ist, ebenso wie der Vorbehalt eines Kämpfen in älterer Zeit, regelmäßig in dem das Beweisangebot im engeren Sinne enthaltenden Satze und nicht unter den Vorbehalten; aus dieser Stellung ist zu schließen, daß diese Klausel ein uralter Bestandteil des Beweisangebots war, und lange vor den übrigen Vorbehalten schon vorgetragen zu werden pflegte.

b) Nach dem Recht von Morlaas hat der Geforderte die Wahl, ob er zu Pferd in voller Rüstung oder zu Fuß o ab lances o ab dart o ab coteg kämpfen will, falls der Forderer im Beweisangebot nur sagt, daß er durch Kampf beweisen werde, ohne anzugeben mit welchen Waffen. [3])

XI. Der Vortrag des Beweisangebots wird gelegentlich von symbolischen Handlungen begleitet; z. B. hält der Kläger den Beklagten dabei par le pan de sa robe. [4])

XII. Im engsten Anschluß an das Beweisangebot findet die Pfandreichung statt. [5])

XIII. Der Beklagte hat auf das Klagevorbringen hin in allen nichtpersönlichen Klagen, also nicht in Strafsachen und Klagen um Schuld, [6]) das Recht, einen jor de conseil zu verlangen; nach dem Recht von Brügge darf der Beklagte jeder-

---

1) Vgl. § 46.

2) Stylus p. 27. — Stilles Bourg 263. — Vgl. hierzu Brunner, Forschungen VI, p. 297 ff. — Roncev. 410 ff.

3) For de Morlaas rubr. 29, art. 66, p. 130 (1200).

4) Châtelet § 60.

5) Vgl. § 18, p. 72.

6) Abrégé Champ. 146. — Et. II, 12. — Jost. et Plet p. 99. — Artois 21, 1—10. — Châtelet 12, 83. — Vgl. auch Beaum. 1712. — For de Morlaas rubr. 29, art. 66, p. 130. —

zeit dach van rade verlangen.[1]) Nach dem gemeinfranzösischen Recht war es dem Beklagten unbenommen, sich eines conseils bei der Klagbeantwortung zu bedienen.[2])

XIV. Der Beklagte kann nun entweder quenoistre que ce est voir[3]) oder er kann formal leugnen und prendre la prove de lui et de ses garanz oder escondire par gages de bataille[4]) oder er kann materiell zugestehen, aber Einwendungen erheben.[5]) Zum kämpflichen Austrag kommt es nur in den letzteren Fällen, während das Geständnis sofortige Sachfälligkeit und damit den Abschluß des Verfahrens herbeiführt. Von unserer Betrachtung scheiden wir den Fall der Zeugenschelte aus und betrachten nur die übrigen.

XV. Der häufigste Fall, bei dem es zum Kampf kommt, ist wohl der des formalen Leugnens.

a) Ursprünglich hatte die Antwort des Beklagten mot à mot zu geschehen, d. h. der Beklagte war genötigt, Wort für Wort sich auf das Vorbringen des Klägers zu äußern;[6]) tat dies der Beklagte nicht, so machte er sich dadurch sachfällig.[7]) Das spätere Recht milderte diese Formenstrenge; man ließ den Beklagten zweimal antworten, zuerst formlos und dann nach vorausgegangener Beratung formell.[8]) Oder man ließ den Beklagten sagen: ich widerspreche dem, was der Kläger vorgebracht hat, Wort für Wort.[9]) Oder aber man ließ ihn sagen: je sui prez de fere encontre tel ni et tel deffence comme je doi.[10]) Im Süden hatte schon früh dieser Formalismus sich gelockert; der Beklagte, der nicht Wort für Wort antwortete, wurde dort

---

[1]) Bourg de Bruges 69.

[2]) Vgl. hierzu Brunner, Forschungen VI, p. 353 ff.

[3]) Jost. et. Plet p. 146 und öfter.

[4]) Jost. et. Plet p. 99 und öfter.

[5]) Z. B. BBB. 25. — T.-A. 20. — Et. I, 30.

[6]) Artois 45,2. — Gr. coust. Norm. 68, 76. — Bessin I, 210 (1213). — Canel p. 94.

[7]) Artois 45,2. — Vgl. auch Brunner, Forschungen VI, p. 310 ff. und die dort angeführten normannischen Quellen.

[8]) Vgl. hierzu Brunner, Forschungen VI, p. 311 u. 312.

[9]) Vgl. Brunner, Forschungen VI, p. 313—315.

[10]) Jost. et Plet p. 288, 289 und Somma II, 64 § 16 bei Brunner, Forschungen VI, p. 315.

nicht sachfällig, sondern, wenn die Worte nicht übereinstimmten, durfte das Gericht einen kämpflichen Austrag nicht anordnen.[1])

b) Der Beklagte mußte rechtsförmig leugnen. In Antiochien sagte er: „Nein, möge es Gott nicht gefallen, es ist falsch....“[2]) In der Normandie hatte er stets bei Kapitalsachen die Klausel: „In Gottes und des Herzogs Frieden“ beizufügen.[3])

c) Der Beklagte mußte sich ausdrücklich zur Verteidigung erbieten; er brauchte dabei aber nur zu sagen, daß er sich Leib gegen Leib,[4]) oder gegen des Klägers Leib,[5]) oder auch nur, daß er sich verteidigen wird durch sich selbst oder durch seinen advoué,[6]) oder wie er muß;[7]) er brauchte aber nicht zu sagen reddam eum mortuum vel devictum; dadurch erzielte er, daß er auf dem Felde nichts zum Siege zu tun braucht, nisi adversarius eum visitaret, und daß er gewann, wenn der Forderer nicht zum Präsentationstermin erschien.[8])

d) Das sich an das ausdrückliche Leugnen anschließende Beweisangebot mußte vom Reichen bzw. Aufheben des Kampfespfandes begleitet sein.[9])

XVI. Dieses in seinen Grundlinien einfache System der Klagbeantwortung kompliziert sich durch den Vortrag der Vorbehalte und die Erhebung von Einwendungen, sowie durch die eventuellen Vorträge eines Vorsprechers.

a) Die Vorbehalte, die dieselben sind wie die des Klägers, finden ihre Stelle zwischen Beweisangebot und Reichung des Kampfespfandes.[10])

---

1) Montpellier (1204) u. Carcassonne in Layettes n° 721 u. 745. — Toulouse (1144) in Layettes n° 86. — S. Antonin (1165 wahrscheinlich schon 1136) in Languedoc II, 515. — Gontaud (XIV) art. 156, p. 115. — Vgl. auch Gallus qu. 90 für das spätere Recht.

2) Antioche HC. ch. 11, p. 32 u. ch. 12; B. p. 56.

3) Gr. coust. Norm. ch. 76. — Vgl. auch Stilles Bourg 273.

4) Gr. coust. Norm. ch. 68, 76. —

5) Châtelet 32.

6) Stylus p. 28.

7) Besſln I, p. 210 (1213).

8) Stylus p. 29. — Stilles Bourg 273.

9) Vgl. hierüber § 18 p. 72.

10) Vgl. Regl. Ord. 1306 in Rec. II. 835. — Stilles Bourg 273.

b) Falls der Beklagte Einwendungen erheben wollte, hatte er dies devant le chief répons zu tun oder en faire protestation[1]) oder, wie eine andere Quelle sagt, devant qu'il se mecte en jugement ou mecte en fait.[2]) Die Einwendungen charakterisieren sich als gesetzliche Mittel sich der Antwort zu entziehen,[3]) deshalb müssen sie vor der defense, der Antwort im technischen Sinne, vorgebracht werden,[4]) jedoch war damit ausdrücklich der Vorbehalt, zu antworten, falls sie nicht zulässig seien, zu verbinden,[5]) denn sonst könnte unter Umständen nach dem Grundsatz der Wortinterpretation der Beklagte als nicht antwortend betrachtet werden. Auf seine Einwendungen mußte der Beklagte die Antwort des Gerichts abwarten,[6]) die auf jede Einwendung erteilt werden mußte. Andererseits konnte der Beklagte, trotzdem er vorher seine Einwendungen vorgetragen hatte, falls er nicht die Antwort des Gerichts abwartete und ein Beweisangebot bezüglich des prinzipalen Streites hinzufügte, zur Reichung des Pfandes unter Enthörung seiner Einreden, die nunmehr gegenstandslos waren, angehalten werden.[7])

Eine andere Art des Vortrags der Einwendungen, die besonders in Kapitalsachen, wo der Beklagte mangels unverzüglicher Leugnung der Klagtatsachen für überführt galt, angebracht war, bestand darin, daß der Beklagte zu Beginn seiner Rede allgemein[8]) oder spezialisiert[9]) sich vorbehielt, späterhin Gründe ad finem, quod non cadat duellum, vorzubringen, dann die Klage rechtsförmlich beantwortete und für den Fall, daß das Gericht ein kämpfliches Verfahren anordnen werde, sein Pfand anbot, und zum Schluß dann seine Einwendungen im einzelnen

---

1) Cout. Bretagne ch. 129, 130.

2) Livre des Droiz 59.

3) Brunner, Forschungen VI, p. 317. — Châtelet, Einleitung p. 25.

4) Vgl. z. B. Olim I, p. 940 (1275).

5) Châtelet §§ 43, 56, 63, 76, 80. — Beaum. 1712. — Stylus p. 30, rubr. de reo.

6) Châtelet §§ 36, 52. — Beaum. 1712. — Gr. coust. Norm. ch. 76.

7) Viol. 6256 ff u. 6272.

8) Vgl. hierzu Brunner, Forschungen VI, p. 318, note 3.

9) Z. B. Châtelet 43.

vortrug,[1]) falls er sie nicht schon zu Beginn spezialisiert hatte.[2]) Die Verhandlung vereinfachte sich dadurch insofern, als nicht auf jede einzelne Einwendung eine Antwort des Gerichts zu erfolgen hatte, sondern zum Schluß in einem Urteil über die gesamten Fragen geurteilt wurde.

c) Diese letztere Art des Vortrags der Einwendungen fand dann auch in den späteren Quellen Anwendung beim Vortrag der Klagbeantwortung durch Fürsprecher. In diesem Falle beginnt der Beklagte mit dem Vorbehalt, später Einwendungen machen zu dürfen, leugnet formal und erbietet sich bedingt zur Verteidigung. Der Fürsprech erklärt hierauf, daß seine Partei leugne, beschuldigt den Kläger der Lüge, erklärt, daß seine Partei zur Verteidigung bereit sei und schließt hieran die Vorbehalte an. Der Beklagte wiederholt ausdrücklich die Erklärung des Fürsprechers, erbietet sich bedingt zur Verteidigung, trägt die Vorbehalte vor und fügt die Einwendungen hinzu. Hierauf reicht er sein Pfand.[3])

XVII. Das Kampfespfand darf stets nur nach erfolgtem Leugnen gereicht werden; denn würde es vorher gereicht, so wäre der Beklagte nach der consuetudo Galliana als confessus zu betrachten.[4])

XVIII. Es ist hier endlich noch die Frage zu beantworten, wer den kämpflichen Beweis anbietet, der Kläger oder der Beklagte. In Frankreich und Brabant ist der Beweis durch Kampf meist ein direkter; das heißt, er wird meistens vom Kläger angeboten; manchmal ist er jedoch auch ein negativer, das heißt vom Beklagten angebotener. Pfeffer hat in den von ihm untersuchten Epen unter 32 Fällen den Kläger 23 mal, den Beklagten 9 mal als Forderer gefunden.[5]) Im Hennegau ist der kämpfliche Gruß stets direkter Beweis.[6])

---

1) Vgl. hierzu Stilles Bourg 266. — Stylus p. 30, rubr. de reo. (beide allerdings für den Prozeß mit Fürsprechern). — Livre des Droiz 325, 330.

2) Z. B. Châtelet 43.

3) Stilles Bourg. 266 ff.

4) Stylus p. 28.

5) Pfeffer p. 21.

6) Cattier p. 204. — Vgl. Antioche HC. IX, p. 26. — Gr. coust. Norm. 68. — Antioche HC. chap. XII, p. 32.

§ 18.

3. Das Kampfespfand.

I. Einer der bedeutungsvollsten Akte im Kampfprozeß ist die Reichung und Annahme des Kampfespfandes (gages,[1]) wages,[2]) gagium duelli,[3]) gatge,[4]) firmanciae);[5]) dies Moment wurde für so wichtig angesehen, daß das ganze Verfahren davon in späterer Zeit den Namen gages de bataille erhielt.

II. In unsern Quellen finden sich drei verschiedene Arten der Pfandbestellung. Die eine vollzieht sich so, daß der Forderer im Anschluß an das Beweisangebot dem Gerichtsherrn sein Pfand übergibt; der Geforderte reicht dann nach dem Verteidigungsangebot sein Pfand dem Gerichtsherrn.[6]) Diese Art der wadiatio charakterisiert sich als ein Beweiserfüllungsgelöbnis gegenüber dem Gericht. Der Vorgang kann aber auch so stattfinden, daß der Gerichtsherr nach Schluß der Vorträge beider Parteien die Pfänder des Forderers und Geforderten nimmt.[7]) Die rechtliche Konstruktion ist hier dieselbe wie im ersten Falle. Eine dritte Art der kampfrechtlichen wadiatio findet in der Weise statt, daß der Forderer nach dem Beweisangebot das Pfand hinwirft und der Geforderte es nach dem Verteidigungsangebot aufhebt.[8]) Dieser Akt ist als ein Beweis-

---

[1]) Beaum. 1712. — Huon 689.

[2]) Amiens (XIII) bei Thierry I, p. 138.

[3]) Olim II, p. 485, VI (1306).

[4]) Bordeaux (1388) Arch. municip. de Bordeaux V. p. 3 n° 1. — Gontaud art. 153.

[5]) Montauban (1231) in Layettes 2159.

[6]) Bordeaux (XIV) V, p. 3 u. 4. — Stylus p. 28 u. 29. — Stilles Bourg. — Amiens XIII, Thierry I, p. 138 u. 139. — Huon 1393 u. 1418. — Rol. 3845 bis 3851. — A. Am. 765. — Gayd. 614, 5709. — Aye 282. — Gui 394. — Ch. cgn. 3074. — Par. Duch. 340. — Ren. Mont. 424,2. — Aubr. 134,4 bis 135,11. — C. Poit. 1098. — Roncev. 411, 424. — Godfr. 1863.

[7]) Beaum. 1712. — Gr. coust. Norm. 68. — Ancien coust. en vers bei Canel p. 16.

[8]) Regl. Ord. 1306 in Rec. II, p. 834 n° 7 u. 835 n° 9 al. 2. — Godfr. R. 10024. — Godfr. 4702 ch. cgn. R. 2550, 2555. — Diese Art kennt auch Du Cange, s. v. vadium.

erfüllungsversprechen gegenüber dem Geforderten und Annahme desselben durch denselben zu betrachten.

Nach Glasson soll sich der Vorgang regelmäßig folgendermaßen zutragen: chacun jetait à terre un gantelet que l'autre relevait, c'étaient les gages de bataille.[1]) Allerdings spricht der Stylus[2]) von einer propositio vadii; vorher[3]) sagt aber du Breuil vom Kläger: et lui en rent son gaige und vom Beklagten: et en baille son gaige . . . . et le defendeur doit dire à la court avant ce que il rende son gaige . . . ., weiter unten[4]) heißt es allerdings: et le doibt jeter; in den Stilles Bourg.[5]) heißt es auch: en gettant mon gaige pour le prouver et li aultres gettoit le sien pour le deffendre, und zwar steht dies in dem älteren Teil der Stilles, der jedenfalls vom Stylus unabhängig ist. Ferner sagt Olivier de la Marche: „Le prevost de la vile rua le gand qui avoit esté getté pour faire la dicte bataille . . .“[6]) Außerdem spricht Pasquier von einem jetter les Gages d'une part et d'autre en plaine Justice et estoit premièrement pris par la Justice . . . .; im normannischen Recht, auf das er sich bezieht, finden sich aber nur Belege für die von uns dargestellte Art.[7]) Endlich sagt im Bordoleser Kampfreglement der Kläger: „Et livre ne, senher, as bos mons gans per gatge de batalhar“; vom Beklagten heißt es dagegen nur: „Et deu gictar son gatge.“[8]) Sonst wird die Handlung als presenter, bailler, donner, parter le gaige, auch wohl als paroffrir oder tendre bezeichnet; die Handlung des Gerichtsherrn als prendre, seltener als requeillir. Diese sämtlichen Stellen stimmen mit der Darstellung Glassons nicht überein; wohl aber darf man nach den angeführten Stellen des Stylus und des Kampfreglements von Bordeaux annehmen, daß jeter nicht speziell, so wie in dem angeführten

---

1) Glasson VI, p. 533.
2) Stylus p. 30. — Auch Gallus qu. 89 spricht von projicere.
3) Stylus p. 28.
4) Stylus p. 29.
5) Stilles Bourg. 55.
6) Olivier de la Marche I ch. 32 bei de Croos p. 207 (Valenciennes 1465).
7) Pasquier p. 323 A.
8) Bordeaux (1388) in Arch. municip. de Bordeaux V, p. 3 u. 4.

dritten Fall, sondern allgemein für Reichung des Kampfespfandes gebraucht wird.

III. In früherer Zeit konnte wohl der Kampfstellvertreter[1]) oder der Zeuge[2]) sein Pfand reichen; nach dem Recht von Amiens reicht aber nicht der Zeuge, sondern die Hauptpartei das Pfand.[3]) Gallus kennt noch den früheren Brauch, zu seiner Zeit war es aber schon verboten, daß ein anderer als die Hauptpartei das Pfand reichte.[4])

IV. Verschiedene Gegenstände konnten als Kampfespfand dienen.

a) In der Regel war es der rechte Handschuh;[5]) so spricht Rol.[6]) nur von einem destre guant (de cerf), ohne das Pfand technisch zu bezeichnen.

b) Im Viol. ist es ein Hermelin.[7])

c) In Antiochien gibt man eine Fahne als Pfand.[8])

V. Das Kampfespfand ist in unsern Quellen im wesentlichen dazu bestimmt, das Beweiserfüllungsgelöbnis zu begleiten; eine andere Funktion haftet ihm aber noch aus älterer Zeit an, und zwar auch in den Quellen, wo zwei Pfänder gegeben werden; mit der Pfandbestellung wird das Klagrecht konsumiert[9]) und, wo auch der Beklagte ein vadium gibt, wird andererseits damit auch seinen Einwendungen mit der Hingabe des Pfandes ein Ziel gesetzt und er verpflichtet, den kämpflichen Beweis des Forderers entgegenzunehmen.

---

1) Cart. S. Dionysii de Nogento n° 53, p. 125.

2) Antioche B. p. 58.

3) Amiens (XIII) Thierry I, p. 139.

4) Gallus qu. 89.

5) Gui 903. — Aubr. 134,4. — Roncev. 410. — Godfr. 2038, 4735. — Ch. cgn. R. 2550. — Godfr. R. 5204, 10024. — Math. Paris (1243) bei Schultz p. 159. — Bordeaux (1388) in Arch. municip. de Bordeaux V, p. 3. — Valenciennes (1465) bei de Croos p. 207.

6) Rol. 3845, 3851.

7) Viol. 6276—6278.

8) Antioche p. 26 u. 58.

9) Vgl. hierüber Schmidt, Klagänderung p. 8. — Über die prozessuale vadia im longobardischen Recht. Val de Lièvre p. 134ff.

Für das Gericht ist nunmehr der Anspruch auf Urteil begründet.

VI. Im südlichen Frankreich wird, offenbar unter dem Einfluß des westgotischen Rechts, dem Gerichtsherrn ein Kampfschatz übergeben; so in Narbonne im Jahre 1023 500 β von jeder Partei, ut inde fieret bellum;[1]) in den Usatici[2]) gibt der Ritter 200, der pedo 100 Unzen valenzischen Goldes; nach der letzteren Quelle hat der Kampfschatz außer der eben genannten Funktion des firmare auch noch den Zweck, ut ad illum qui vicerit sit emendatum malum quod in bello accepit tam in corpore quam in cavallis sive in armis; der Kampfschatz wird in dieser Quelle als pignus bezeichnet. Der Bestellung des Kampfschatzes geht in den Usatici das Urteil, ob Kampf stattfindet, voraus, die Beschwörung des Kampfvertrages folgt nach. Endlich wird in einer Kommission des Erzbischofs von Toulouse ein Kampfschatz von 600 écus erwähnt, die dem Könige gebühren.[3]) In den Usatici[4]) wird im 3. Termin[5]) das pignus erhöht; es heißt dort: postea sint laudata (sc. judicia) et autarizata et ad laudamentum judicis bene assecurata per pignora ut sint facta et hic debent crescere pignora ad laudamentum judicis illorum.

§ 19.

4. Der Schwur judicium sisti.

I. Nachdem der Geforderte sein Pfand gegeben hat, schwören beide Parteien, daß sie am festgesetzten Tage, zur festgesetzten Stunde, auf dem festgesetztem Platze, sowohl zu dem Termin,

---

[1]) Narbonne (1023) in Languedoc II, p. 174 n° 154.

[2]) Usatici 27.

[3]) Laurière, Glossaire p. 516 (28. Juni 1354); ob hier etwa infolge eines défaut der Kampfschatz dem König verfällt, läßt sich leider ebensowenig feststellen, wie sich die Funktionen dieses provenzalischen Kampfschatzes nach der Urkunde in nota 1 genauer darlegen lassen; vielleicht hat er dieselbe Funktion wie der in den Usatici, vielleicht ersetzt er gleichzeitig die Funktion des plegium, jedenfalls reicht das knappe, mir zu Gebote stehende Material zu einem endgültigen Urteil nicht aus.

[4]) Usatici 28.

[5]) Die Prozedur weicht von der französischen ab.

wo entschieden wird, si gaige y sera als zum Präsentations- und Kampftermine erscheinen werden.[1]) Die Quellen sprechen nunmehr von einem duellum juratum in manibus domini[2]) oder von einer bataya jurata u. ä., während es nach Reichung der Pfänder nur ein duellum firmatum war.

§ 20.

5. Das Urteil.

I. Nach einer Anzahl von Quellen findet das Urteil über die Zulässigkeit des kämpflichen Verfahrens im Anschluß an die Pfandreichung statt,[3]) während andere Quellen dieses Urteil in den Präsentationstermin verlegen. Hier sind nur die ersteren zu betrachten, während die andern an einer späteren Stelle[4]) ihre Erörterung finden.

II. Die Entscheidung konnte sogleich im Klagetermine erfolgen;[3]) sie erfolgte durch das Gericht,[5]) das aber auch einen einzelnen Urteiler damit betrauen konnte.[6]) Das Gericht oder der Urteiler konnten Zeit zur Beratung verlangen, es konnte eine Ergänzung des Gerichts notwendig sein, oder das Gericht konnte einen schriftlichen Bericht der Parteien fordern;[7]) das Gericht konnte endlich in späterer Zeit zu seiner Information den Prozeß verschicken und dann ayant pris l'avis de plusieurs de ses conseillers in einem dritten Termin entscheiden; lautete die Entscheidung, que dans le cas présent échéait et avait gage de bataille, so fand hier erst das Werfen des Handschuhs durch

---

[1]) Regl. Ord. 1306 in Rec. II.

[2]) Vienne (1364, 1391) in Ord. VII, p. 432, art. 31.

[3]) Beaulieu (960) in Cart. de Beaulieu p. 85. = Languedoc II, pr. 103. = Proost p. 82. — Spicilegium d'Achery t. III, p. 376. — Coll. Lamoignon vol. 324, p. 794 (1343) bei Ducoudray p. 401. — Cambrai (1230) art. 8. — Gallus qu. 85 praes. contr. J. n° 4. — Morice (1384) II, p. 503.

[4]) Vgl. unten § 27.

[5]) Auf die Entscheidungsformalien kann ich hier nicht eingehen, da ich die Darstellung der Urteilschelte hier nicht behandle.

[6]) Mons (1339) Cart. des Comtes de Hainaut I, p. 77 n° 37.

[7]) Paris (1386) in Froissart, Chron. II, p. 538, note 1, extrait 1.

den Forderer statt.[1]) In diesen letzten vier Fällen fand eine Vertagung statt.[2])

III. Das Urteil hatte sich in älterer Zeit nur auf eine Prüfung der Parteivorträge gemäß den oben vorgetragenen Regeln[3]) zu erstrecken; unter dem Einfluß der Ordonnance von 1260 bildete sich aber immer mehr ein objektives Prüfungsrecht des Gerichts heraus, während früher doch im wesentlichen nur eine Prüfung der Formalien stattfand. Andererseits engte sich der Kreis der kampfbedürftigen Klagen gegen die Wende des XIV. Jahrhunderts merklich ein, bis dann der Kampf durch die Ordonnance von 1306 auf die Kapitalsachen beschränkt wurde. Die Regeln, nach denen das richterliche Prüfungsrecht zu erfolgen hatte, werden dann meist im Anschluß an die letztere Ordonnance und das ihr beigefügte Reglement in folgender Weise formuliert:

a) Es muß ein Kapitalverbrechen außer larrecin,[4]) d. h. ein Verbrechen, das mit Todesstrafe bedroht ist, vorliegen.[5])

b) Die Tat muß wirklich geschehen sein;[6]) aus dieser Vorschrift erklärt sich die Abneigung der Olim gegen die Zulässigkeit des Kampfes bei Giftmord,[7]) während der Livre des Droiz ihn hier noch zuläßt;[8]) für Notzucht und Ehebruch hatte dies Erfordernis schon früher bestanden, sowohl das normannische Recht, das hier regelmäßig eine visio verlangte, als das westgotische Recht, das beim Ehebruch manifesta indicia vel

---

[1]) Vgl. Calmet t. III, p. 22. Dissertation sur les Duels etc. — Collection Leber etc. T. VI, p. 456. Bei Uneinigkeit der Urteiler war dies auch schon nach Beaumanoir 1863 möglich.

[2]) Vgl. hierzu Cattier p. 203. [3]) Vgl. § 17 p. 58ff.

[4]) Ord. 1306 in Rec. II, p. 832, u. Regl. Ord. 1306 in Rec. II, p. 833 „Secondement". — BBD[2] art. 18. — BBF. 1293. — Loisel VI, 1, § 19.

[5]) Ord. 1306, Rec. II, p. 832, u. Regl. Ord. 1306 in Rec. II, p. 833. — Stylus p. 26. — Stilles Bourg. 260. — BBD[2] art. 18. — BBF. 1293, 1306. — Arch. nat. X 2 a[6] fol. 309 r° (1356) für Soissons. — Arch. Nat. X 2 a[10] (1356) für Vermandois fol. 189. — Arch. Nat. X 2 a[6] fol. 354 v° (1357) für Amiens. — Arch. Nat. X 2 a[10] fol. 5 v° für Amiens (1375). — Loisel VI, 1 § 20.

[6]) Dieser Grundsatz findet sich auch schon in Jost. et Plet, p. 102, implicite enthalten.

[7]) Olim II, p. 403, XIII (1296) u. III, p. 592, V (1313).

[8]) Livre des Droiz 823.

competentia signa verlangte, standen ja diesen Delikten sehr skeptisch gegenüber.[1])

c) Der Beschuldigte mußte der Tat verdächtig sein; es müssen Indizien vorliegen (indices ou preseruptions semblables à verité).[2])

d) Am Ende des XIII. Jahrhunderts findet sich schon der Grundsatz, daß der Kampf unzulässig ist, falls ein factum notorium vorliegt.[3]) Der Zweck dieser Vorschrift ist nach Beaum. der, dem notorischen Täter die Möglichkeit, durch den Sieg der Strafe zu entgehen, zu verlegen. Notorietät liegt nach der späteren Theorie[4]) vor:

1. im Falle der res judicata (notoire crime de droit);
2. im Falle des notoire crime de fait; dieses kann zwiefacher Art sein, nämlich
   α) noctoire presumé; z. B. aussi comme il est venu heir loyaulx qui naist le mariage durant;
   β) fait magnifeste; wo die evidence du fait le monstre, lequel ne peut estre couvert par nulle tergiversacion.

Von diesen Fällen scheidet die res judicata aus; sie kann nicht nochmals durch Kampf bewiesen werden.[5]) Auch beim fait magnifeste, also bei der handhaften Tat, war kein Platz für einen Kampf; Beaum. spricht hier von einem fait bien cler;[6]) in etwas anderer Bedeutung ist bei Beaum. die Rede von einer chose bien prouvee, und in der Ordonnance von 1306 von casibus plene probatis;[7]) es scheint dies auf Sachen zu gehen, die schon durch enquête klargestellt sind, die nicht nochmals

---

[1]) Houard p. 267. — Usatici 112. — Vgl. § 2. Der gerichtliche Zweikampf in Strafsachen V Abs. 2 p. 17. — BBF 1302.

[2]) Ord. 1306 in Rec. II, 832 u. Regl. in Rec. II, p. 833. — Stylus p. 26. — Stilles Bourg. 260. — BBD[2] 18. — BBF 1293, 1306. — Arch. nat. X 2a[6], fol. 309r° (1356) für Soissons.

[3]) Beaum. 1812 bis 1814. — Olim II, 131, VI (1279). — Vgl. Laurière, Glossaire p. 260 (arrêts du parl. 1279 u. 1364). — Vgl. Livre des Droiz 293.

[4]) BBF. 1266; an übertriebener Klarheit leidet allerdings dieser Artikel nicht.

[5]) Vgl. auch Bretagne 133. — Ähnlich Beaum. 31.

[6]) Beaum. 1814. In einzelnen Handschriften stehen kopulativ clere chose *et* bien prouvée, in der Mehrzahl und in den besten Handschriften steht aber die richtigere Alternative clere chose *ou* bien prouvée.

[7]) Beaum. 1814. — Ord. 1306 in Rec. II, p. 832.

im kämpflichen Verfahren abgeurteilt werden dürfen.[1]) Bezüglich des Falles eines crime de fait notoire presumé ist durchaus unklar, was BBF. darunter versteht; das Beispiel läßt darauf schließen, daß es sich hier um die preuve de parenté handelt; hier findet allerdings ein Kampf nicht statt, aber nicht mit Rücksicht auf die Präsumtion, sondern mit Rücksicht auf die Rechtsmaterie.[2]) In den Fällen, in denen Notorietät vorliegt, kann nach BBF. der Richter user de son office et proceder sans actuser et pugnir le crime.[3])

e) Der Kampf ist nur zulässig, falls der Täter ne peust estre convaincu par tesmoins[4]) ou autre manière suffisante.[5]) Dieser Grundsatz wird am Ende des XIV. Jahrhunderts so streng durchgeführt, daß man, ehe das Urteil auf kämpflichen Austrag erging, zwei Zeugen der Tortur unterwarf, erst als dieses Mittel fehlschlug, wurde der Kampf angeordnet.[6])

Früher war in dieser Weise nur das Gerichtszeugnis[7]) und der Beweis durch zwei Schöffen[8]) privilegiert; wohl aber hatte der Beklagte die Wahl, ob er den Zeugenbeweis des Klägers annehmen wollte,[9]) oder ob er auf Kampf abstellen wollte. Aus der starken Bevorzugung des Zeugenbeweises in der Ordonnance

---

[1]) Olim III[1] (1309) bei Ducondray p. 396.

[2]) Vgl. oben § 1. Der gerichtliche Zweikampf in Zivilsachen, X. a. p. 11.

[3]) Dieser Grundsatz stimmt wieder nicht zu der Notorietät, die aus der res judicata folgt, denn da ist ja ein Verfahren nicht mehr nötig.

[4]) Ord. 1306 in Rec. II, p. 832. — Boutaric 5971 (1319) für Périgord. — Stylus p. 26. — Stilles Bourg. 200. — BBF. 1293. — Arch. nat. X 2 a[6] fol. 309 r° (1356) für Soissons. — Arch. nat. X 2 a[10] fol. 189 (1356) für Vermandois. — Arch. nat. X 2 a[10] f. 5 v° (1375) für Amiens. — Arch. nat. X 2 a[6] fol. 354 v° (1357) für Amiens.

[5]) Ord. 1306 in Rec. II, p. 832. — Stylus p. 26. — Stilles Bourg. 260. — BBF. 1293. — For de Morlaas rubr. 52, art. 189, p. 161. — Arch. nat. X 2 a[6] f. 309 r° (1356) für Soissons. — Arch. nat. X 2 a[10] fol. 5 v° (1375) für Amiens. — Arch. nat. X 2 a[10] fol. 189 (1356) für Vermandois. — Arch. nat. X 2 a[6] fol. 354 v° (1357) für Amiens. — Vgl. BBD[2] art. 18.

[6]) Paris (1386) bei Canel p. 138.

[7]) Vgl. § 1. Der gerichtliche Zweikampf in Zivilsachen, X. i. p. 12.

[8]) Amiens (1249) art. 74 bei Thierry I und Urkunde (1153) bei Thierry I, p. 64. — Amiens (1209) art. 44 bei Thierry I, p. 181.

[9]) Vgl. Bouhier, Commentaire sur la coutume etc. Ancienne coutume du Duché de Bourgogne I, p. 148, titre XI, § 111, bei Garnier I, p. 9, Note 4.

von 1260 erklärt sich jedenfalls in der Hauptsache die spätere Entwicklung.

f) In der zweiten Hälfte des vierzehnten Jahrhunderts verlangte man außerdem noch ein persönliches Interesse des Forderers an der Klage, wie Verwandtschaft, Lehensverhältnis und dergleichen.[1]) Dieser Grundsatz geht offenbar auf das in früherer Zeit in Geltung gewesene Prinzip zurück, nach dem nur dem plus prochain du lignage die Aufnahme der suyte zustand.[2])

IV. Was gegen diese Regeln geurteilt ist, ist nichtig.[3]) Diese Regeln ermöglichten dem Gericht jederzeit eine enquête zur Feststellung, ob nicht eine derselben Anwendung finden könne, anzuordnen. Das Parlament hat häufig von diesem Rechte Gebrauch gemacht und dabei nicht selten einen Grund zur Ablehnung der kämpflichen Klage gefunden.[4])

V. Das Urteil befindet über nachfolgende Punkte:

a) le cas de l'appelant,

b) les deffences de l'appelez,

c) ce qui en a esté fait ou procès et comment,

d) sur quoy les parties sont en droit appointiez

e) Hieran schließt sich die Sentenz; liegt Grund zur kämpflichen Klage vor, doit lon dire que tout consideré gaige y chiet; dabei wird auch gleichzeitig über die Art, in der der Kampf stattfindet, entschieden; ferner behält sich das Gericht vor, a donner jour et lieu aux parties pour leur devoir faire.[5])

§ 21.

6. Die Bürgschaft und die Haft.

I. Zur Sicherung dafür, daß die Parteien ihre im Kampfvertrage übernommenen Verpflichtungen erfüllen werden; werden

---

[1]) Gallus qu. 89. — Vgl. die oben zitierten 4 arrêts aus Arch. nat. X 2 a[6] u. X 2 a[10].

[2]) Vgl. § 6. Die Verwandtschaft, II. p. 26.

[3]) Stylus p. 27, rubr. de duello. — Olim III[2] p. 679, XLV. — Stilles Bourg. 270.

[4]) Z. B. Boutaric 5590 (1318), vgl. auch Ducoudray p. 398.

[5]) Stilles Bourg. 274, 279. Dies gilt aber nur für das spätere Recht, während früher die Parteien zum mindesten darüber gehört wurden.

im Kampfprozeß Bürgen bestellt oder die Parteien in Haft genommen, oder es treten beide Sicherungsmittel nebeneinander.

II. Die Parteien werden bei crimes in Haft genommen;[1]) nach andern Quellen war die Haft zwar das primäre[2]) in Fällen hoher Gerichtsbarkeit, es konnten aber gegen Bürgschaft

a) beide Parteien freigelassen werden;[3])

b) der Beklagte trotz Widerspruchs des Klägers,[4]) nicht aber der Kläger gegen den Widerspruch des Beklagten, der in Haft bleiben will, freigelassen werden;[4])

c) es kann eine Partei allein, gleichgültig welche, aus der Haft gegen pleiges entlassen werden.[5])

Nach andern Quellen war Freilassung gegen Bürgschaft das primäre,[6]) falls nicht Kapitalsachen vorlagen.[7]) Diese Art der Befreiung wird als recreance bezeichnet.

III. Nach manchen Quellen trat Haft und Bürgschaft ein.[8])

IV. Manche Quellen sprechen überhaupt nur von seurté, cautio, satisdare, zekerdoen,[9]) bei deren Unmöglichkeit Haft eintritt. Nach Beaumanoir und der coutume von Montolieu[10]) war dies aber nur in Zivilsachen und leichteren Strafsachen

---

[1]) Cambrai (1230) §§ 7, 12, 21. — Artois 42, 1 (nach der Pfandreichung). — Boutaric (1318) 5304.

[2]) BBF. 1297. — Bretagne 104, 97 (wo keine bestimmte Verdachtsgründe vorliegen, kann jedoch la Justice prendre pleges). — Abrégé Champ. 131, 133. — Lobineau (1213) II, 200, 201. — Artois 42, 3, 4, ausgenommen nobles riches hommes. — Valenciennes (1455), Le Glay, A. d. N. I, 85.

[3]) BBF. 1297. — Artois 42, 1, falls nicht Kapitalstrafe darauf steht.

[4]) BBF. 1297.

[5]) Abrégé Champ. 133. — Livre de Droiz 326.

[6]) Regl. Ord. 1306 in Rec. II, 836. — Paris (1386) bei Canel, p. 139.

[7]) Lorris art. 16 bei Prou p. 184. — Gracey (1246) in B. &. L. p. 86. — Dun-le-Roy (1181) bei Bourdot III, p. 100. — Linières (1268) in B. & L. p. 86. — cout. Bretagne 97. — Menestou s. Cher (1269) und Ays (1301) in B. & L. p. 86. — Clermont en Beauv. (1197) in Layettes n° 469. — Artois 42, 2.

[8]) Somma de leg. Norm. II, 2 § 2 bei Esmein Pr. C. p. 57, nota 3. — Gr. cout. Norm. 69, 76. — Morice I, 59 (1385). — Boutaric (1318) n° 5304.

[9]) Amiens (XIII) bei Thierry I, p. 139. — Bourg de Bruges 69. — Montolieu (1312) in Ord. VII, p. 501. — Beaum. 1763, dagegen 1333. — Amiens (1249) art. 51 bei Thierry I.

[10]) cf. note 9.

möglich. Der Sprachgebrauch scheint aber hier sehr unsicher zu sein, so bezeichnet z. B. das Reglement zur Ordonnance von 1306 denselben Begriff einmal mit gaiges (cautio) das andere Mal mit pleiges.[1])

V. Bürgen (ostages, obsides, ploiges usw.) kommen sowohl in Zivil-[2]) als in Strafsachen[3]) vor. Nach Beaumanoir sind sie bei Strafsachen jedoch nur im Kampfprozeß zulässig.[4]) Daß die Bürgschaft auch in außerprozessualen Rechtsverhältnissen vielfach Verwendung fand, ist ja bekannt.[5]) Im Kampfprozeß sind zwei Arten von Bürgschaft zu unterscheiden.

a) Das plegium veniendi ad jus.

Es findet statt in allen Sachen, wo nicht ein crimen manifestum vorliegt, oder wo nicht die Haft der Parteien angeordnet ist.[6]) Die Haftung geht dann auf das Erscheinen im nächsten Termin, en tel estat comme il estoit, quant il le repleija.[7]) Der Zufall befreit nicht von der Haftung, wohl aber der Eintritt in den geistlichen Stand.[8])

Bei dieser Art der Bürgschaft müssen für jeden späteren Termin neue Bürgen bestellt werden.[9])

b) Das plegium standi judicio, das auch unter der Bezeichnung de la loy faire mener,[10]) de stando, juri coram duce et de comparendo ad terminos quoscunque assignandos,[11]) de porsuivre

---

[1]) Regl. Ord. 1306 in Rec. II, p. 836 u. 844.

[2]) Bouillart, S. Germain-des-Prés (1154) n° 52. — Cart. d. N.-D. de Paris II, p. 324 (1139).

[3]) Viol. 1821. — Gayd. 634. — Huon 1451. — Godfr. R. 100444. — Beaum. 1333.

[4]) Beaum. 1333.

[5]) Vgl. z. B. Redom (1084) cart. de R. p. 277 n° 325 für Vertragserfüllung. — Varin, R. administratif I[2] n° 308 (1263) pro redemptione feodi sui usw.

[6]) Z. B. Clermont-en-Beauv. (1197) in Layettes n° 496. — Menestou s. Cher (1269) u. Ays 1301 in B. & L. p. 86. — Gracey (1246) in B. & L. p. 86. — Vgl. Beaum. 1346.

[7]) Beaum. 1346.

[8]) Beaum. 1347. — S. Omer (1319) bei Thaumassière p. 450.

[9]) Villefranche (1217) in B. & L. = Paris (1386) bei Froissart t. II, livre III, p. 538.

[10]) Ancien cout. en vers bei Canel p. 16. — Gr. coust. Norm. 68.

[11]) Chron. Briocense bei Morice I, 59 (1384).

le droit de la cort,[1]) d'estre a droit, à revenir à jor et a atendre droit,[2]) de non partir sans notre congié et licence,[3]) judicio stari,[4]) de lege deducenda,[5]) de prosequendo clamore suo,[6]) vorkommt. Die Bürgen haften hier de toute la querele et de fere tenir ou paier ce qui sera jugié contre celi qu'il repleja pour la cause pour quoi il fu pleges.[7])

VI. Ein bloßes Versprechen der Bürgenbestellung genügt nicht;[8]) der Gerichtsherr hat vielmehr Anspruch auf sofortige Bestellung der Bürgen;[9]) im Gaydon erscheinen die Bürgen als Verstärkung des dem Gerichtsherrn gegebenen Kampfespfandes, als Bürgen für die Erfüllung des Beweisangebotes gegenüber dem Gerichtsherrn; deshalb wird dort die Nichtbestellung der Bürgen als Nichteinhalten des Kampfvertrages aufgefaßt und daher als Bruch eines eidlich bestärkten Versprechens mit dem Verlust der Schwurhand bedroht.[10])

Bei geteilter Gerichtsbarkeit, wo der eine Gerichtsherr auf Kampf erkennt und dann den Prozeß an das Obergericht übergibt, nimmt der untere Gerichtsherr zwar die Bürgen an, übergibt sie aber mit dem Prozeß an den höheren Gerichtsherrn.[11])

Es kommt jedoch auch eine Verbürgung gegenüber dem Gegner vor.[12]) Zweifelhaft ist, ob in einer Urkunde für Talmond[13]) ein solcher Fall vorliegt. Die Gegner erscheinen dort zum Kampftermin, der eine sagt: non se accipere illud judicium, qua propter judicatum est, illud esse revictum ab hoc requisitione; darauf geht der Gegner in das Haus des fidejussor der verurteilten Partei und empfängt dort scutum et lanceam und gibt sie seinem famulus der sie in das Haus seines fidejussor

---

1) Abrégé Champ. 133. 2) Beaum. 1346, 1333.
3) Ord. 1306, Regl. in Rec. II, 836.
4) Varin, R. administratif I 2, p. 394, n° 261 (1182).
5) Somma de leg. Norm. II, 2, § 2, bei Esmein, Pr. C. p. 57, nota 3.
6) Cout. des Pays de Furnes (1240) art. 40, bei Giraud I, 109.
7) Beaum. 1346. Vgl. Stilles Bourg 274.
8) Huon 1394, 1424, 1441.
9) Gaydon 5715. — Huon 1424. — Livre des Droiz 793, 326.
10) Gaydon 627, 628, 637.
11) Vgl. oben § 15 Das Gericht V, p. 49. 12) Viol. 2039.
13) Cart. de Talmond n° 108 (1092/1129).

bringt. Dies kann ebenso gut ein Ausfluß der Entschädigungspflicht des Bürgen, die er mit der Bürgschaft gegen den Gerichtsherrn übernimmt,[1]) sein, als es der Inhalt eines Bürgschaftsvertrages mit der Gegenpartei sein kann.

VII. Zur Bürgschaft fähig sind Verwandte der Partei; z. B. der Bruder[2]) oder der Onkel und der Vetter.[3]) Auch die Hauptpartei kann Bürge für den Stellvertreter sein.[4]) Der Lehensherr kann Bürge des Vasallen sein;[5]) nicht aber kann der Versall Bürge seines Herrn[6]) oder des Stellvertreters desselben[7]) sein. Ein Urteiler kann Bürge einer Partei sein, ja er kann sich sogar gleichzeitig für beide Parteien verbürgen.[8])

Im allgemeinen können Geistliche nicht Bürgen sein.[9]) Eine Ausnahme hiervon bestand in Laon; dort war es möglich, für Kleriker oder deren Leute einen Kleriker als Bürgen zu bestellen; dieses plegium christianitatis hinderte aber dann den Kampfprozeß;[10]) ob man diesen Umstand mit Schäffner[10]) aber als Umweg zur Abschaffung des Kampfes bezeichen darf, ist doch zweifelhaft; vielleicht sieht man besser darin eine Privilegierung des Klerus.

Endlich konnten auch Frauen Bürgen sein.[11])

VIII. Die Zahl der Bürgen schwankt in den Quellen, ohne daß sich die Ursache dieser Schwankung genauer feststellen ließe:

a) es sind 4 : 3;[12])

b) die eine Partei gibt 4 chevaliers, die andere 3 chevaliers und 3 écuyers, an Stelle eines Ritters;[13])

c) Harcourt stellt einen einzigen Bürgen, den Bruder des Königs;[14])

---

[1]) Vgl. unten IX. [2]) Huon 1425. [3]) Huon 1443. — Gayd. 615.

[4]) Godfr. 1878. — A. Am. 799. [5]) Gar. Loh. II, 26,₁₂.

[6]) Gayd. 653. — Aubr. 135,₂₁. — Gar. Loh. II, 26,₁₂.

[7]) Godfr. 1864. [8]) Cart. de Talmond nº 96 (1095).

[9]) Beaum. 1344. — Huon 1426. — Aubr. 135,₂₆—136,₄.

[10]) Le Glay, Arch. d. N. I, p. 76. — Proost p. 42. — Devisme, Hist. de l. ville de Laon I, 46, bei Schäffner II, p. 216, nota 76.

[11]) Godfr. 1878. — A. Am. 799. — Gar. Loh. II, p. 28,₂. [12]) Viol. 1882.

[13]) Lillebonne (1337) in Floquet, Hist. d. Parl. de Norm. I, p. 154, bei Canel, p. 112.

[14]) (circa 1300) bei Canel, p. 105.

d) es sind 14[1]) Bürgen;

e) der Kläger stellt 4, der Beklagte 2 Bürgen;[2])

f) es sind 6 Bürgen auf beiden Seiten; das zweite Mal stellt der Forderer 7, der Geforderte 6 Bürgen; dann 5 und 4.[3])

g) es sind 9 Bürgen;[4])

h) endlich kommt ein einziger Bürge für beide Parteien vor.[5])

IX. Die Verpflichtung der Bürgen ergibt sich zum Teil schon aus dem oben Gesagten;[6]) sie geht

a) auf Erscheinen der Partei in einem einzelnen Termin;

b) auf die Erfüllung sämtlicher Pflichten im Prozeß;

c) damit ist in späterer Zeit eine Haftung für die Kosten und Entschädigung der Gegenpartei verbunden;[7])

d) die Haftung konnte auch im Bürgschaftsversprechen erweitert werden; z. B. dahin, daß der Kampf nicht von Freunden ihrer Partei gestört werde;[8])

e) die Hauptbedeutung der Bürgschaft liegt aber nicht, wie Pfeffer will, in dem Eintreten für die Gerechtigkeit der Sache der Hauptpartei oder in einer moralischen Unterstützung der Partei, dies mag das Motiv zum Bürgschaftsanerbieten sein, ist aber rechtlich vollkommen irrelevant; die moralische Grundlage des Zweikampfs basiert sicherlich nicht auf der Institution der Bürgen,[9]) sondern auf der Konstruktion desselben als Ordal.

Über die Verwirklichung der Haftung der Bürgen wird weiter unten zu handeln sein.[10])

X. Die Bürgenstellung erfolgt nach manchen Quellen schon nach der Reichung des Pfandes,[11]) nach andern[12]) erst nach dem Kampfurteil.

---

1) Gayd. 615.
2) Gayd. 5717, 5756—5758.
3) Paris (1386) bei Canel, p. 132, 138, 140.
4) Coll. Lamoignon vol. 324, p. 794 (1343), bei Ducoudray, p. 401.
5) Cárt. de Talmond n° 96 (circa 1095).
6) Vgl. oben V.
7) Vgl. unten § 48 Die Entschädigung des Siegers III.
8) Gaydon 6817.
9) Pfeffer, p. 32 und p. 34.
10) Vgl. § 54 Strafe der Bürgen.
11) Artois 42,1. — Paris (1386) bei Canel, p. 138. — Gr. coust. Norm. ch. 76.
12) Stilles Bourg 274. — Coll. Lamoignon reg. crim. vol. 324, p. 794, bei Ducoudray, p. 401. — Cattier, p. 203.

XI. Die historische Entwicklung der beiden Sicherungsmittel zur Herbeiführung der Erfüllung der übernommenen Prozeßpflichten ist wohl folgende:

a) Haft bzw. Haft und Bürgschaft (normannisches Recht); daneben Bürgschaft in leichten Sachen;

b) Bürgschaft in allen Sachen;

in diesen Fällen ging die Bürgschaft stets corps à corps, avoir pour avoir;

c) begrenzte Bürgschaft, die in einzelnen Quellen schon früh auf die consuetudo campi ging,[1]) in der Mehrzahl der Quellen aber auf Konfiskation lautete; in der Bürgschaftsformel dieser Quellen bleibt dann trotzdem die alte Formel cors a cors stehen, obwohl sie längst nicht mehr von realer Bedeutung war.[2])

XII. Trat Haft ein, so wurden beide Parteien in derselben ganz gleich behandelt und gut bewacht;[3]) eine Flucht aus der Haft galt als praesumptio juris et de jure der Tat.[4])

In der Normandie bestand in älterer Zeit eine eigentümliche Art der Haft, die sogenannte vifve prison au Duc de Normandie, die nur bei traison ausgeschlossen ist. Sie war ein Ersatz der Haft im Gefängnis des Gerichtsherrn und bestand darin, daß man die Häftlinge mit ihrer Einwilligung à bons gardes mit der Verpflichtung, sie tot oder lebendig zum Kampftag zu bringen, übergab.[5]) Diese vifve prison, die ein Mittelding zwischen Haft und Bürgschaft ist, geht dann später in die gewöhnliche Bürgschaft über.[6])

---

[1]) Cart. de S. Dionysii de Nogento (1100—1120), n° 19, p. 62. — Ervy (1199) in Boutiot, Troyes I, 279. — Lorris (1187) art. 14 bei Prou, Lorris 191 f.; die Zweifel über die Interpretation schwinden bei Beachtung der roten Striche des Registers von Philipp-August; a. A. Prou, der besondere Bürgenstrafe annimmt; vgl. jedoch dagegen Villemanoche (1248), wo der erste Teil des art. 14 der coutume von Lorris fehlt, in Prou, Lorris, Pièces justif. n° XX, art. 7.

[2]) Z. B. Beaum. 1332. — Stilles Bourg 61. — Paris (1386) bei Canel, p. 140.

[3]) Gr. coust. Norm. 68. — BBF. 1291. — Boutaric (1318) n° 5304. — Cambrai (1230). — Livre des Droiz 257.

[4]) Z. B. BBC. 85. — T.-A. 76.

[5]) Gr. coust. Norm. 68, 76.

[6]) Z. B. Floquet, Hist. de Parl. de Norm. I, p. 154. Lillebonne (1337) bei Canel, p. 112.

XIII. Die Behandlung der Bürgen ist verschieden:

a) sie werden bis zur Entscheidung in Haft gehalten;[1])

b) sie werden in Freiheit belassen;[2])

c) nach Huon sind sie auf dem Kampfplatz in Fesseln zugegen.[3])

XIV. Von der Haftung werden die Bürgen erst durch den Sieg ihrer Partei oder durch einen Vergleich befreit; bei dem plegium veniendi ad jus tritt die Befreiung durch das Erscheinen der Partei im Termin ein.

XV. Die Partei haftet den Bürgen für eine Entschädigung wegen erlittener Haft.[4])

§ 22.

7. Fechtlehrer.

I. Im normannischen und nordfranzösischen Recht findet sich mehrfach das Institut der Fechtlehrer (bretons, brais). Die Aufgabe derselben bestand darin, die kampfunkundigen Parteien während der Zeit bis zum Kampftermin in der Fechtkunst zu unterrichten. Solche Fechtlehrer zu unterhalten, war der Gerichtsherr verpflichtet.[5]) Nach Cest li ordenance estanlie des frais des campions unterhielt z. B. die commune de Cambrai elf bretons.[6]) Wenn eine Partei arm war, so mußte ihr von Amts wegen ein Fechtlehrer beigegeben werden.[7])

Dieses Institut war offenbar nur für die bürgerlichen Parteien von Bedeutung; denn der Ritter war in der Waffenführung von Hause aus geübt; so hat denn die Kunst dieser Fechtlehrer im wesentlichen in einer Klopffechterei mit Stock und Schild bestanden.

---

[1]) Beaum. 1337. — Huon 1459. — Ch. cgn. 3078. — Gar. Loh. II, p. 41,19. — Roncev. 425. — Godfr. 1887, 4763.

[2]) Gayd. 766, 6042. — Viol. 6298. — Godfr. R. 11451. — S. Omer (1319) bei Thaumassière, p. 450.

[3]) Huon 1709.

[4]) Beaum. 1342. — S. Omer (1319) bei Thaumassière, p. 450.

[5]) Gr. coust. Norm. 76. — Artois 42, 2. — Cambrai (1230), § 22. — Valenciennes (1455) bei Le Glay in Arch. d. N. I, p. 85.

[6]) Cambrai (1230) § 36. [7]) Artois 42, 2.

§ 23.

8. Kampfstellvertreter und Mietskämpfen.

I. Nicht immer wurde der Kampf persönlich durch die Parteien ausgefochten; die Parteien konnten sich vielmehr unter gewissen Voraussetzungen vertreten lassen. Diese Vertretung geschah durch Kampfstellvertreter i. e. S., d. h. ad hoc bestellte Vertreter, meist Verwandte der betreffenden Partei, oder durch Kämpfen, d. h. gewerbsmäßige Fechter. Die letzteren werden als campiones,[1]) campions,[1]) pugiles,[2]) bellatores,[3]) athletae,[4]) certatores,[5]) combatedors,[6]) oder spezieller als campiones conducticii,[7]) champions louers,[8]) serjanz louers,[9]) wohl auch vicarii[10]) bezeichnet. Für beide Klassen kommt der auch in anderer Hinsicht sehr vieldeutige Ausdruck avoué[11]) vor.

II. Der Kämpfe kämpft gegen Lohn,[12]) während der Kampfstellvertreter nicht gegen Lohn kämpft.[13]) Der Lohn ist für den Kämpfen nach dem premier estour de la bataille verdient, ein nach demselben abgeschlossener Vergleich läßt ihn nicht mehr seines salaire verlustig gehen.[14]) Der Lohn wird verschieden normiert. In Beauvais[15]) bekommt der Kämpfe beim Kampf à outrance 100 livres tournois für die ictus allein schon 50 livres tournois. In Bigorre[16]) erhält er für den vollendeten Kampf 20 Schilling, für den ersten Gang, so ist wohl der Ausdruck pro targa zu verstehen, 12 d., und pro preparatione, d. h. wenn

---

[1]) Talmond n° 96 (1095), n° 285 (1130) in cart. de T. — Artois 40, 13.

[2]) Bigorre (1097/1112) art. 20. — In Godfr. 1822: poigneur.

[3]) Cart. de Talmond n° 161 (1100).

[4]) Cart. de Talmond n° 285 (1130).

[5]) Languedoc (1048) II, p. 215, n° 194.

[6]) Gontaud (XIV) art. 156.

[7]) Étampes (1179) Ord. XI, p. 212, art. 29. — Amiens (1190, 1209, 1225) art. 17 in Ord. XI, 266.

[8]) BBB. 118. — T.-A. 111. — Et. I, 22.

[9]) BBB. 176. — T.-A. 164. — Et. I, 74.

[10]) Cart. de Beaulieu (960), p. 85.

[11]) Z. B. Beaum. 1764.

[12]) Beaum. 1849.

[13]) Viol. 1680.

[14]) Beaum. 1849.

[15]) Beauvais (1256) in Tanon, Égl. p. 23 u. 26.

[16]) Bigorre art. 21 (bei Giraud I, art. 20).

Friede vor dem Kampf auf dem Kampfplatz geschlossen wird, 6 d. In Jumièges[1]) wurden dem Kämpfen für jede blutende Wunde 16 Schilling von der unterliegenden Partei bezahlt. In S. Maur[2]) wurden ihm sämtliche Abgaben erlassen, die Urkunde gibt aber nicht an, wie hoch sich dieselben beliefen.

III. Die Vertretung durch Kampfstellvertreter war in Zivilprozessen stets möglich, in Strafprozessen jedoch nur, falls eine essoine vorlag[3]) und dieselbe im Klagetermin als Verwahrung geltend gemacht war. Im allgemeinen ist der Stand der Hauptpartei für den Stand des Kampfstellvertreters maßgebend.[4]) Nur in einer Urkunde für Fleury findet sich eine eigentümliche Ausnahme, dort kämpft nämlich der sers, um dessen Eigentum es sich handelt, selbst für das Kloster gegen einen vom Gegner gestellten sers;[5]) es ist allerdings möglich, daß es sich hier um ein Privilegium handelt, auf Grund dessen er als servus ecclesiae gegen jeden als Vertreter der Kirche zum Kampf zugelassen war.[6]) Nach Jost. et Plet waren in Kapitalsachen nur Verwandte als Kampfstellvertreter zugelassen.[7]) In Morlaas wurde verlangt, daß der Stellvertreter von gleicher Stärke und gleichem Wuchs sei.[8]) Die letztere Quelle macht aber auch insofern eine Ausnahme, als sie einen Kampfstellvertreter selbst bei Verrat mit Zustimmung des Klägers zuläßt.[8]) Nach gemeinfranzösischem Recht konnten sich nur Prinzen in Strafsachen jederzeit durch Kampfstellvertreter im Kampfe vertreten lassen.[9]) Jedoch galt dies nicht für Mord und Verrat nach Beaumanoirs Ansicht.[10]) Der Herzog von der Normandie hatte für seine Vertretung in Kampfprozessen ein besonderes Lehen geschaffen, die Baronnie

---

1) Cheruel. Norm. nov. chron. p. 21 (1240) bei Canel, p. 98.

2) Cart. de S. Maur n° 55 (1125—1135) in Marchegay Anjou I, 348 u. 394.

3) Vgl. Kapitel 2. Persönliche Voraussetzungen des Kampfrechtsverhältnisses. Für den hohen Adel war jedoch eine derartige exonia nicht nötig. cf. III unten.

4) Regl. Ord. 1306 in Rec. II, p. 835. — For de Morlaas rubr. 52, art. 188, p. 161. — Usatici 112. — Artois 40,13. — Boutaric 2269 A (1280).

5) Fleury (1136) in Hist. VI, 484; vgl. oben § 3 Die Freiheit V, p. 22.

6) Vgl. oben § 3 Die Freiheit VI, p. 22.

7) Jost. et Plet, p. 289.

8) For de Morlaas rubr. 52, art. 188, p. 161.

9) Vgl. § 7 Der Stand II b.

10) Beaum. 36.

von Fontenay-le-Marmion; diese Kampflehen waren offenbar in der Normandie sehr verbreitet; so hatte z. B. auch die Abtei S. Georges de Bocherville einen Herrn de Longueraie mit dem Lehen von Fardoulf belehnt, pour lequel il doit venir à nos ploids, prendre les namps et faire le duel pour la défense de l'abbaye;[1]) ferner widmet der Grand coustumier de la Normandie den Kampflehen eine ausführliche Besprechung;[2]) der Eid des serviens lautete nach ihm: Je deviens vostre homme à vous porter foy contre tous, sauve la féaulté à mes aultres seigneurs; er durfte also nicht, wie die Glosse näher ausführt, gegen einen Herrn, dem er früher Lehenstreue geschworen hatte, als Kampfstellvertreter bestellt werden; mit dem 60. Lebensjahre erlischt die Pflicht zur Kampfstellvertretung; vor demselben beendigt sie der Verlust eines Gliedes;[2]) statt gegen Belehnung konnte der Kampfstellvertreter aber auch gegen eine Rente auf Lebenszeit bestellt werden; während er aber bei einer etwaigen Niederlage das Lehen behielt und nur eine Buße de récréandise bezahlen mußte, verlor er in diesem Falle die Rente.[3]) Ausgeschlossen war die Kampfstellvertretung i. e. S. aber bei Mord[4]) und Verrat.[5])

IV. Die Vertretung durch Kämpfen war in Zivilsachen[6]) und in gemischten Klagen (Anefang)[7]) stets zulässig, ohne daß das Vorhandensein einer essoine erforderlich gewesen wäre;[8]) in Strafsachen war jedoch die Vertretung durch Kämpfen unzulässig;[9]) nur in einer Urkunde von Talmond findet sich auch

---

[1]) Vgl. Canel, p. 55. [2]) Vgl. Canel, p. 54. [3]) Vgl. Canel, p. 65.

[4]) Amiens (1249) art. 49, bei Thierry I. — Beaum. 36. — Livre des Droiz 357.

[5]) Beaum. 36. — Livre des Droiz 357. — Vgl. aber Fleury (1136) in Hist. VI, 484.

[6]) Beaum. 1764, 1721. — Beaumont-le-Roger (1079) bei Canel 74/75. — BBB. 128. — T.-A. 111. — Et. I, 122. — Bouillart (1154), p. 89. — S. Pierre de Bourgeuil (1083) Hist. XIV, p. 118. — S. Médard (968) Hist. VIII, p. 67. — Cart. de Saintes (1134) n° 218. — Jumièges (1240) bei Canel 98 und Hist. XXIII, p. 399. — Usatici 56. — Amiens (XIII) bei Thierry I, p. 139. — Fleury ·|· S. Denis (834) Hist. VI, p. 313. — S. Aubin d'Angers (1056) VI, 429. — Cart. de Talmond (1130) n° 285.

[7]) BBB. 100. — T.-A. 84. — Et. I, 95. [8]) Beaum. 1721.

[9]) Vgl. oben p. 89 III, note 3.

bei furtum noch ein Kämpfe,[1]) dies darf aber bei der eigentümlichen Stellung, den der Begriff des furtum einnahm, das häufig genug auch ohne Vorliegen einer Anefangsklage zivilrechtlich konstruiert wurde, nicht wundernehmen. Für das normannische Recht behauptet Houard, daß Adel und Freie sich jederzeit durch Kämpfen vertreten lassen konnten, ohne essoines geltend machen zu müssen und daß nur die vilains in Person kämpfen mußten; wie Canel dagegen richtig ausführt, findet diese Behauptung in ihren sämtlichen drei Punkten keine Stütze in den normannischen Rechtsquellen.[2]) Es gilt hier vielmehr dasselbe, was oben bezüglich des gemeinfranzösischen Rechtes ausgeführt ist. Dagegen scheint das Institut der Mietskämpfer in der Normandie sehr verbreitet gewesen zu sein;[3]) und wenn hier die Zahl der vilains, die persönlich fochten, größer sein sollte als die der höheren Stände, so hat dies, wie anderswo,[4]) seinen Grund in der Armut der Partei, aber nicht in minderem Recht.

In einer Reihe von Stadtrechten findet sich für die Bürger das Privileg, nicht gegen Mietskämpfen kämpfen zu müssen;[5]) der Nachweis, den der Bürger hierbei zu führen hatte, war nicht immer so einfach, so mußte er z. B. in Rouen durch 5 Zeugen von der cité und 5 vom bourg nachweisen, daß der gegnerische Kampfstellvertreter im weiteren Sinne ein Mietskämpfe sei.[6]) In Bigorre werden andererseits nur Einheimische als Kämpfen zugelassen.[7])

V. Im Süden findet sich mehrfach eine Bestimmung im Kampfvertrag, die dazu bestimmt scheint, in der Person der Vertreter gelegene präjudizielle Momente aus dem Ordal zu beseitigen, sie lautet: decertarent duo certatores qui numquam se

---

1) Talmond (1100) n° 61.

2) Vgl. hierzu Canel, p. 52/53.

3) Vgl. hierzu Canel, p. 53.

4) Artois 42, 2.

5) Étampes (1179) in Ord. XI, 212. — Amiens (1190, 1209) art. 17 in Ord. XI, 266. — Amiens (1249) art. 48 in Thierry I. — Vgl. hierzu § 8 Die Ehre II, Absatz 2, p. 34.

6) Rouen (1144, 1150) art. 12, bei Giry, Rouen I, 27.

7) Bigorre (1097) art. 20, p. 21.

decertassent, nisi per hoc judicium[1]) oder per unum cabalarium qui numquam fecisset bataliam juratam cum scuto et bastone.[2])

VI. In der Art der Bestellung des Kampfstellvertreters i. e. S. und des Kämpfen findet sich in den Quellen kein Unterschied. Beim Beweisangebot wird der Vorbehalt des Kampfstellvertreters i. w. S. gemacht;[3]) handelte es sich um Strafsachen, so waren gleichzeitig die essoines namhaft zu machen, die im Präsentationstermin dann zu beweisen waren. Der Kreis dieser essoines hat sich immer mehr erweitert.[4]) Die Übertragung der avouerie war gelegentlich von symbolischen Handlungen begleitet z. B. der Überreichung des Handschuhs[5]) an den anwesenden Vertreter; ist er abwesend, so muß er nach artesischem Recht benannt werden bei Verlust der Vertretungsmöglichkeit in allen andern Fällen, außer dem der exception d'aage.[6]) Übernimmt der avoué die avouerie, so hat er die Pflicht, für die Partei im Kampftermin in deren Gegenwart oder Abwesenheit, auf deren Gefahr, Kosten und Auslagen, toutes et quantes fois es dem Gerichtsherrn beliebt, zu kämpfen.[7]) Der Kämpfe kann an dem Tag, für den er die avouerie übernommen hat, nicht zurücktreten; wenn aber der Termin vertagt wird, kann er es, falls er sich nicht auf alle Fälle, en quelque jour qu'ele escheist, ausdrücklich verpflichtet hat. Die Hauptpartei muß sich für den Fall, daß sie am zweiten Tag einen andern Vertreter nehmen will, in der Präsentation remuement d'avoué vorbehalten.[8])

VII. Brüssel[9]) führt das Institut der Kampfstellvertretung auf das Talionsprinzip[10]) zurück; wenn man aber die ganze Entwicklung unserer Periode betrachtet, so liegt es doch näher,

---

1) Lézard (1048) in Languedoc II, p. 215, n° 194.

2) Carcassonne (1070) in Languedoc II, pr. 274.

3) Vgl. z. B. Beaum. 1711, 1713. — Et. II, 35. — Usage Orlén. 35.

4) Vgl. z. B. für das normannische Recht das Beispiel bei Canel, p. 34 und für das Recht der Touraine unsern § 10 Das Alter III, p. 38.

5) Z. B. Viol. 1680.

6) Artois 40, 7, 9.

7) Regl. Ord. 1306, in Rec. II, p. 835.

8) Beaum. 1850.

9) Brüssel p. 988.

10) Über den Begriff vergleiche unter § 50 Die Talion.

die Kampfstellvertretung, die immer mehr zugelassen wurde, auf zwei andere Wurzeln zurückzuführen, nämlich auf die Absicht, durch Beseitigung in der Person der Parteien liegender Schwächen, die mit Naturnotwendigkeit zum Unterliegen derselben führen mußten, das Ordal unabhängiger, unparteiischer und damit das Urteil Gottes reiner wiedergebend zu gestalten; andererseits scheint der Einfluß des immer stärker erwachenden Billigkeitsgefühls, wie es z. B. bei Beaumanoir[1]) vielfach seinen Ausdruck findet, bei der Vermehrung der essoines beteiligt gewesen zu sein.

§ 24.

9. Die Fristen in Kampfsachen.

I. Die Fristen sind zwar in den einzelnen Quellen verschieden; immerhin lassen sich gewisse Normen dafür feststellen.

II. Eine Ladungsfrist ist nach Beaumanoir nicht erforderlich, falls der Beklagte an Gerichtsstelle anwesend ist und sich sofort auf die Klage einläßt;[2]) dagegen ist nach Bourg de Bruges[3]) eine 14tägige Ladungsfrist obligatorisch; auch nach den Assisses d'Antioche war eine halbtägige Ladungsfrist vorgeschrieben.[4])

III. Die beweispflichtige Partei kann in Amiens eine 14tägige Frist verlangen; diese Frist kann sie aber nach ihrem Belieben verkürzen.[5]) Für die Zeugenproduktion war in Amiens und Cambrai eine 14tägige Frist vorgeschrieben.[6]) Diese Termine sind jedoch nicht absolut festgelegt, sie können vielmehr durch die essoines und contremans in mannigfacher Weise verschoben werden.[7])

IV. Zwischen dem Verfahren im Klagetermin, das mit der

---

1) Beaum. 923. — Vgl. Canel, p. 52.

2) Beaum. 923, 924.

3) Bourg de Bruges 68.

4) Antioche HC., p. 26.

5) Amiens (XIII), p. 138.

6) Amiens (XIII), p. 138. — Cambrai (1230) § 11.

7) Die contremans und essoines darzustellen, würde an dieser Stelle zu weit führen; abgesehen davon bietet der Kampfprozeß hier keine Besonderheiten.

Feststellung des thema probandum seinen Abschluß findet, und dem Kampftermin liegt stets eine Frist; auch da, wo in den Quellen eine Frist nicht näher bezeichnet wird, läßt sich aus der Bezeichnung des Kampftermins als terminalis oder prefixus dies oder dies pugnae[1]) darauf schließen; ebenso liegt es in den Fällen, wo der Kampf in einem andern Gericht stattfindet.[2])

In den Epen findet nach Pfeffer[3]) in 13 Fällen der Kampf am selben Tage statt, während in 19 Fällen der Tag der Klage und der Tag des Kampfes verschieden sind; hierunter sind 7 Fälle, in denen der Kampf am nächstfolgenden Tage stattfindet; es handelt sich hier aber durchaus nicht etwa um eine dichterische Lizenz, denn auch andere Quellen kennen die Möglichkeit sofortiger Anordnung, so die Assisses d'Antioche in Lehenssachen,[4]) ferner BBA. und Livre de Droiz falls durch Kämpfen entschieden wird, während der Kampf durch die Partei selbst an einem späteren Termine stattfindet;[5]) andererseits führt Bourg de Bruges als Grund für die längere Frist an: um camp spele to lerne.[6]) Demnach war eine Frist bei mit der Waffenführung vertrauten Parteien nicht nötig; wenn trotzdem auch bei ritterlichem Kampfe häufig eine Frist beobachtet wurde, so hatte dies seinen Grund darin, daß man Parteien, sowie Freunden und Verwandten derselben Gelegenheit zur Herbeiführung eines Vergleichs bieten wollte.[7]) Die Fristen bis zum Kampftermin sind nun sehr verschieden normiert. Bei Mord darf die Frist nach den Assisses de Jérusalem nur 3 Tage dauern;[8]) sonst findet der Kampftermin nach 8,[9]) nach 14,[10]) nach mindestens 14 Tagen,[11]) nach einem Monat,[12]) nach

---

1) Cart. de Talmond n° 108, 59.
2) Z. B. Olim I, p. 24, v (1257).
3) Pfeffer p. 57.
4) Antioche HC., p. 32.
5) BBA. 74. — Livre des Droiz 340.
6) Bourg des Bruges 70. — Vgl. Ch. cgn. R. 1524.
7) Z. B. Bourg de Bruges 70.
8) Jérusalem HC., p. 442, 485.
9) Ren. 24071.
10) S. Maur s. L. n° 63 (1066) in Marchegay, Anjou I, p. 331. — Cambrai (1230) §§ 16, 19, 20. — Amiens (1249) art. 50 bei Thierry I.
11) Ch. lyon 4793. — Livre des Droiz 29.
12) Aubr. 137,4. — Ch. cgn. R. 1524. — 2452. — Ch. lyon. 3681.

40 Tagen,[1]) nach 6 Wochen[2]) statt. In späterer Zeit sind die Fristen länger und außerdem kann auch der Kampftermin noch contremandiert werden;[3]) in dieser Zeit unterliegt aber auch die Bestimmung des Kampftermins nicht mehr allein der Parteivereinbarung; er kann vielmehr einseitig vom Gerichtsherrn bestimmt und verlegt werden.[4])

---

[1]) Bourg de Bruges 70. [2]) Boutaric 2269 A (1281).

[3]) Paris (1386) bei Canel, p. 138.

[4]) Ord. 1306, Regl. in Rec. II, p. 836. — Quesnay (1405) bei de Croos 157.

Lebenslauf.

Ich bin am 14. Februar 1877 zu Bretten als Sohn des Königlich Preußischen Premierleutnants Adolf Coulin geboren und bin evangelischer Konfession. Nach erlangter Gymnasialreife habe ich vom Jahre 1899 an den juristischen Fakultäten der Universitäten Lausanne, Bern, Zürich, Leipzig, Halle, Berlin, Berlin und Halle studiert. Besonderen Dank für die Förderung in meinem Studium schulde ich meinen hochverehrten Lehrern, den Herren Brunner, Fürstenau, Gierke, Hübler, Kahl, Kohler, Loening, v. Martitz, Rehme und Wolff.

Thesen.

I. Die cognitoris datio ist kein Vertrag.

II. Der moderne Zweikampf hat sich aus dem torneamentum quasi hostile entwickelt.

III. Vermögen im B. G. B. ist stets Aktivvermögen.

IV. Konkordate sind öffentlich-rechtliche Verträge, welche der Staat mit der seiner Gewalt unterworfenen Kirche innerhalb des Staatsgebietes abschließt.

V. Es ist verboten auf hoher See Minen zu legen.

FSC
www.fsc.org
MIX
Papier | Fördert gute Waldnutzung
FSC® C083411

Kolibri 360 GmbH
Ferdinand-Jühlke-Straße 7
99095 Erfurt, Deutschland
produktsicherheit@kolibri360.de